當身體
不想上班的時候

5 位專科名醫為上班族打造的
全方位健康手冊

戴著聽診器
的男子

戴聽男
著

李宜昌、李應顯、李始映
金台翰、李宜爽

梁如幸　譯

✦ 國內知名專科醫師一致推薦！

王姿允｜《增肌減脂 4+2R 代謝飲食法》作者、家醫科醫師

吳其穎｜兒科醫師、YouTube 頻道「蒼藍鴿的醫學天地」創辦人

李薇｜院長 疼痛治療專家－復健科網紅美女名醫

林宗諭｜醫師 骨科生活

林昀萱｜皮膚科醫師

許書華｜醫師、作家

魚葛格(林繼宇)｜精神科醫師、精神科與身心療癒筆記本 IG 創作者

鄒為之｜伊生醫療執行長暨伊生診所院長

蔡明劼｜內分泌新陳代謝專科醫師

鄭瑞德(Dr. Red)｜人氣家醫科醫師

蕭捷健｜三樹金鶯診所 健康管理醫師

闕壯理｜家醫科醫師

嚴可倫｜醫師 有溫度的嘮叨 台中光田骨科

(依筆劃排列)

■ 《增肌減脂 4+2R 代謝飲食法》作者、家醫科 / **王姿允醫師**

　　這本書不但是所有上班族的縮影，更是家醫科門診常見主訴的最佳寫照！從早上起床的暈眩到肩頸痠痛，到下午開始變嚴重的疲憊感跟下肢浮腫，淺自乾癢落髮等皮毛小事，深至倦怠憂鬱等心理健康，書裡很多的衛教內容，也是身為家醫科的我，常常在診間耳提面命的，用一個上班族的一天當範例，給予到院看診前最實用的生活型態改變建議。

■ 疼痛治療專家－復健科網紅美女名醫 / **李薇院長**

　　我相當推薦本書，可以說：This book a day, keep the doctor away. 人手一本讓疼痛醫師遠離您！相信我，閱讀本書，您絕對離健康更近！

■ 骨科生活 / **林宗諭醫師**

理解生活，幸福生活，健康生活。

■ 醫師、作家 / **許書華**

疲憊上班族必備療癒處方。

■ 林繼宇精神科醫師、精神科與身心療癒筆記本 IG 創作者 / **魚葛格**

身體與心靈密不可分，我們要理解身心所傳達的訊息。專業醫師們為上
班族提供最棒、最全面的療癒處方！

■ 伊生醫療執行長暨伊生診所院長 / **鄒為之醫師**

這本書針對上班族，是非常好的入門教材，推薦給上班壓力大造成各種
症狀，感到無所適從的您。

■ 人氣家醫科醫師 / **鄭瑞德 Dr. Red**

在資訊爆炸的時代，要找到不偏頗且可信賴的醫學知識實屬難得。這本
書，就是導正需多錯誤觀念、迷思的上乘之選！

■ 三樹金鶯診所 健康管理醫師 / **蕭捷健**

解鎖健康知識，找到身心平衡。

■ 家醫科 / **關壯理醫師**

居然同時有五位醫師幫您解決生活中的小毛病！從不覺得自己生病卻常
常渾身不適的人，這本書是為您而寫的。

■ 有溫度的嘮叨 台中光田骨科 / **嚴可倫醫師**

上班久坐都不動，下班卡卡動不了！本書針對肩頸、腰部疼痛提供許多
舒緩方法，每個上班族的抽屜都應該放一本！

給就連去醫院
都沒時間的你

最近看著這世界，忍不住覺得我們生活在一個相當混亂的時代。各式各樣的傳染病、不穩定的經濟、極端現象，以及世代間矛盾等問題層出不窮，但即使在這變化無常的世界，我們仍一如既往地穿梭於家庭與職場之間。如同「工作與家庭的平衡」這個用詞一度新鮮，如今則變得習以為常，越來越多人開始重視生活與工作的平衡，但卻很難立刻付諸實行。

許多上班族在一早好不容易撐開雙眼、拖著沉重步伐到了公司，為了張羅工作忙得暈頭轉向，就連一整天怎麼度過的都不知道。在公司裡一整天要察言觀色、隨時注意主管的臉色，一到下班時間就累得頭痛萬分、渾身痠痛……這正是身體運轉已經超出負荷，透過各種症狀對我們發出的信號。

切記，巨大的危機絕對不會一次就到來，在危機來臨之前，許多暗示的微小信號就會反覆出現，不斷提醒我們。如果你運氣好，即使出現了古怪的徵兆，或許也能平安無事地度過；但是如果繼續放任不管，總有一天會出大事。健康狀況也是如此，我們經常不把頭痛、手腕疼痛、姿勢失衡、頭暈、憂鬱等身體向我們傳遞的訊號當一回事。就算一開始會擔心「怎麼會這樣」，但是久而久之、養成習慣後，也會開始忽略這樣的症狀。一旦你持續忽略、無視這些小信號，終究會導致難以承擔的重大危機。問題在於：現代人實在太過忙碌，或是沒有多餘心力關注健康，這讓我們忽略大部分的小問題，放任它們成為大問題，甚至沒想到要去醫院接受治療。

身為醫師，身邊的親友經常會來傾訴自己不舒服的症狀，從職場壓力，到減重、運動方法等相關建議，甚至還會詢問和我們的專業科別無關的內容。當身體出現異常時，該去哪家醫院、該接受什麼檢查與治療，以及該如何改變生活型態，才能預防相關症狀呢？要找到正確資訊實在太困難，讓許多人感到茫然、不知如何是好，對此我們也感同身受。因此，這裡集結了各種專業科別，由診治經驗豐富的內科、復健醫學科、骨科、身心科、皮膚科五位專科醫師，以「戴聽男」（戴著聽診器的男子）的名字齊聚一堂，針對上班族可能面臨的身體和心理疾病，集思廣益思考如何治療與預防，共同執筆寫下本書。這是一本不管是誰都可以輕輕鬆鬆看懂，並且照著做的「專為上班族打造的醫學解決方案」。

從現在開始，戴聽男將成為您的主治醫師，儘可能簡單且親切地為您說明各種症狀、疾病發生的原因及解決方式。本書講述了上班族在一整天的工作日中會面臨的健康煩惱，相信能夠引起大家共鳴。書中內容易讀易懂，同時囊括了諸多有益無害的健康小常識，以及能夠在日常生活中輕鬆實踐

的健康管理小技巧。只要每天撥一點時間閱讀本書，一定就能讓我們的身心靈獲得更好的照顧。

　　希望今天下班後也疲憊不堪的讀者們在閱讀本書後，能夠為自己描繪出健康的未來。在此一併對協助本書出版的未來之窗出版社金允夏、崔素慧編輯致上謝意。

二〇二二年

戴聽男

李宜昌、李應顯、李始映、金台翰、李宜爽

目錄

ᴀᴍ 06:55 ## 上班族的早晨
一睜開眼就覺得疲勞的上班族 K

上班族上班去
我想我的身體在抗拒去公司吧

上班族的上午
從工作、人、環境守護自己的方法

上班族的午餐時間
除了我自己，還有誰會為我著想？

上班族的下午
辦公室裡有健康殺手！

上班族下班了
今天也辛苦了

 上班族的夜晚
今天也要學著好好休息
（feat. 應付加班和公司聚餐）

AM
PM
08:88

上班族的早晨

一睜開眼就覺得疲勞的
上班族 K

內科專科醫師
李應顯

早上一睜開眼就覺得
眼前發黑，頭昏眼花

「嗶嗶嗶嗶——！」

　　天一亮，吵雜的鬧鈴聲就告訴你：又來到了一個禮拜裡，上班族最討厭的那一天。你將睜不開的眼睛勉強撐開一條縫隙，半瞇著眼，伸手四處摸索尋找著手機，好不容易才關掉鬧鐘。度過短暫的周末後，又到了必須上班的星期一早晨，身體總會覺得特別沉重，心情也會相當沮喪低落，難怪

會有「星期一症候群」這種說法。除了揮不去的憂鬱感，還有人會感到頭暈目眩，最重要的原因是：星期一的早晨實在太累、太累了。

疲勞，對現代人來說彷彿一種不治之症，即使並非「星期一症候群」，疲勞也是老早就被提及的古老症狀，甚至曾有咖啡廣告的標語是「人類在與疲勞的戰爭中，一次也沒有贏過」。疲勞的原因不勝枚舉，基本上如果身體和心理的問題無法透過休息被消化、緩解，就會持續累積而產生疲勞感。另一方面，也有人會說疲勞是低血壓所導致，尤其是特別容易在早上感到極度疲勞的人，應該經常聽到身邊的人詢問：「該不會是因為低血壓吧？」

我們常聽到的低血壓是指「原發性低血壓」

低血壓在醫學上的定義是「收縮壓低於 90mmHg」。雖然和收縮壓相比，舒張壓比較無法完整反映患者的問題，但如果舒張壓低於 60mmHg，通常也會被認定為低血壓。

簡單來說，如果血壓低於 90/60mmHg，就屬於低血壓的範圍，不過準確符合這個醫學定義的人口，只佔總人口的百分之一至二，非常稀少。大多數認為自己有低血壓的人，都不符合醫學上低血壓的範圍，只比一般人的血壓低約 10 ～ 20mmHg 而已。

低血壓可分為有明顯原因和無明顯原因兩種情況，有明顯原因的低血壓又可再分為急性低血壓、姿勢性低血壓和藥物引起的低血壓。造成低血壓的原因五花八門，許多原因都可能引發急性低血壓，像是血液不足、體液不足、腎臟問題、神經問題、敗血性休克等，這些稱為「原發性低血壓」。而我們常說的低血壓，就是原發性低血壓。如同前面所說，只有總人口百分之一至二的人屬於此範疇，且幾乎沒有什麼特別的症狀。

與低血壓相比，關於高血壓的研究則相當活躍多元。因為高血壓是誘發肥胖或糖尿病等併發症的萬惡之源，但在初期並不會有特別明顯的症狀，再加上許多人對吃降血壓藥感到恐懼或抗拒，不願去醫院就診因而放任不管。然而，長期

忽視高血壓症狀可能導致腦出血、腦梗塞、心臟疾病等致命疾病。因此，許多醫師與製藥公司專注於如何控制高血壓，自然累積出許多研究成果。

但關於低血壓，在一些研究者發表了特定的身體症狀和低血壓的關聯性後，就沒有其他顯著的研究成果。大部分原發性低血壓患者都是無症狀，這也是造成研究動機下降的原因之一。低血壓患者既沒有症狀也沒有併發症，也就不需要治療，導致製藥公司或醫師也不覺得有研究的必要性。不過，正確了解低血壓的概念，理解其症狀的確有其意義。在此我們以能夠改善大眾認知的低血壓相關研究為基礎，來談談低血壓吧

針對無特別症狀的原發性低血壓對身體造成的影響，各方的意見相當分歧，無法明確指出有低血壓的話就「一定會這樣」。雖然美國醫學界定義低血壓並非疾病，但是德國與英國醫學界卻認為低血壓與頭痛、心悸、頭暈、疲勞有高度的關聯性。特別是老年人的情況，低血壓比高血壓更容易誘發心肌梗塞或腦中風；也有研究結果指出：八十五歲以上的

高齡者中，低血壓患者的平均年齡低於高血壓患者的平均年齡。因此，歐洲醫學界對低血壓的關心也逐漸升溫。韓國的醫療趨勢主要受到美國影響，而非歐洲，因此無明顯症狀、沒有造成危害的低血壓不會被判定為疾病，也有「血壓越低，平均壽命越長」的論點。

上班族的星期一症候群，是低血壓導致嗎？

　　普遍認為，血壓低的人比血壓正常的人更容易感到疲勞，那麼低血壓真的和特定症狀有關聯性嗎？從韓國的醫學研究結果看來，諸多研究顯示：頭痛、心悸、頭暈、疲勞等症狀與低血壓並無太大關聯；即使參考各種資料，也難以證實這些症狀與低血壓有什麼特別的關聯性。這是個相當有趣的結果，意味著從醫學觀點看來，我們主觀感受到的症狀其實與低血壓無關。當然，這只是迄今為止的研究結果，科學事實在未來隨時可能會改變，我們也無法斷定低血壓與這些症狀百分之百無關。

那為什麼會有那麼多人在突然從座位上站身、長時間持續累積壓力等特定情況下，會因為低血壓而導致頭暈、眼前發黑、昏倒等症狀，甚至因此送醫呢？後面會再詳細說明，不過這並非原發性低血壓，而是姿勢性低血壓與迷走神經昏厥導致的症狀。

　　總結來說，除去一部分研究的主張，從醫學角度來看，低血壓與疲勞、憂鬱並無太大的關聯。因此，有原發性低血壓的人不需要服用藥物，但可以透過改善生活習慣，稍微緩解症狀。

1. 攝取充足的水分與營養。
2. 飲用含有少量咖啡因的咖啡和茶，能夠讓血壓稍微上升，一定程度上緩解憂鬱感與無力感。
3. 適量食用巧克力、堅果、起司及含電解質的飲料也會有所幫助。
4. 有氧運動和肌力訓練並進，培養身體在姿勢突然變化時的應對能力。

你不需要太擔心無症狀的低血壓，但適當運動與均衡飲食不僅可以降低憂鬱感與疲勞，也有助於緩解壓力與增強體力。當然，這也是克服星期一症候群的好方法。

骨科專科醫師
李始映

一覺醒來，
就覺得肩膀好痠痛

「咦？肩膀怎麼會這樣？是因為晚上沒睡好嗎？」

大家或多或少都有過這樣的經驗：早上睜開雙眼，伸懶腰時驚覺肩膀痠痛。即使並非常態，但你可能偶爾會在睡醒時，感到肩膀非常僵硬，甚至會因為太過痠痛而無法正常舉起手。但如果因為這種程度的不舒服就請病假，又得看公司臉色，只好拖著不舒服的肩膀，艱困地梳洗上班去。你覺得

不舒服，但又不知道這種程度的疼痛需不需要看醫生；重要的是，你對這究竟是什麼原因造成的毫無頭緒，難道是因為睡覺時姿勢不良嗎？

有許多醫師研究過睡覺時姿勢與肩膀疼痛之間的關聯性，但直接說結論的話，肩膀疼痛與我們就寢時的姿勢並無太大關連。雖然每位醫師多少有不同看法，但迄今的研究仍顯示兩者沒有太大關聯性。比起睡覺姿勢，日常生活中不適當的動作，或是錯誤姿勢才更有可能是造成疼痛的主要原因。

為什麼我們的肩膀會痛呢？

肩膀是僅次於腰部，最多人感到疼痛的關節，而且絕大多數疼痛症狀反覆發生的可能性很大。首先，讓我們簡單從肩膀構造來瞭解疼痛的原因，這裡的用語可能偏專業，但整體而言不難理解。肩膀是由旋轉肌袖、滑液囊與關節囊等部位所組成，肩膀與手臂連結的四塊肌肉稱為「旋轉肌袖」，

這部分的肌肉負責肩膀運動，而大部分肩膀疼痛的成因都與旋轉肌袖有關。如果發生旋轉肌袖撕裂傷，或是周圍的滑液囊暫時性發炎等情況，都有可能讓肩膀產生疼痛。然而，一般人很難辨別出如此精細的原因。在此介紹一些能幫助你自我檢視目前狀態，相當簡單的方法。只要使用這個方法，你就能輕易判斷自己是否發生了可能需要開刀處理的「旋轉肌袖撕裂」。

請先暫時把書放下，將雙臂往前水平伸直，然後再往上伸直；接著再把手臂往兩旁身張開，再往上伸直看看。不覺得疼痛的正常狀況下，你應該可以輕鬆舉起雙臂往上伸展，但如果手臂舉不太起來，最好就儘速去醫院檢查。如果你會覺得疼痛，但手臂還是能舉起，代表旋轉肌袖還沒有完全撕裂，那就幸好不需要立刻動手術，這種情況很可能是「肩夾擠症候群」造成。所謂的「肩夾擠症候群」，指的是肩膀周圍的骨頭與旋轉肌袖的肌腱因手臂舉起時的擠壓產生的疾病。過度使用肩膀，或是長期重複上舉（over-head）動作，會造成旋轉肌袖或肩胛骨周邊肌肉萎縮、無力，導致肩膀的

空間變窄而產生摩擦。這種現象，通常會出現在因長時間坐辦公室而導致圓肩的人，駝背、姿勢失衡的人，或是缺乏運動導致旋轉肌袖和肩胛骨周圍肌肉無力的人身上。當你懷疑自己出現這種症狀時，建議就近找家骨科接受正確的診斷。

✳ 負責肩膀運動的旋轉肌袖

簡單輕鬆守護肩膀的方法

　　如果被診斷為肩夾擠症候群，請嘗試跟著下圖動作來做運動治療吧。即使一開始沒有道具，你也可以利用牆壁簡單做運動；如果有彈力帶可用，就能做出更有效果的動作。請試著將彈力帶掛在門把上，朝著一個方向做拉伸的動作。只要像這樣讓肩膀做出旋轉的動作，就能進行強化旋轉肌袖的物理治療。

✳ 肩膀彈力帶伸展操

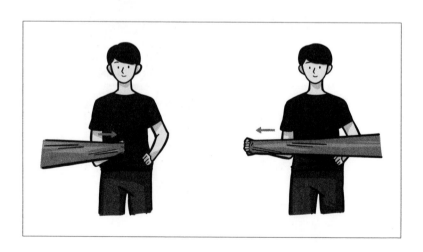

每年因為肩膀疼痛而飽受折磨的患者，有逐年增加的趨勢。從常見的「五十肩」（沾黏性肩關節囊炎）可看出，在過去，肩膀疾病的患者大多是五、六十歲以上的高齡患者。但近來，隨著喜歡參與各種休閒活動與運動的人增加，年輕患者也逐漸增加。年輕族群的主要疾患多為二頭肌肌腱炎、肩夾擠症候群、肩胛骨活動障礙等，這類只要接受物理治療，或是透過適當休息就可以痊癒的肩部疾病。但萬一疼痛症狀一直未好轉，持續一至二週以上，或是更加惡化，就要儘快就醫接受診斷，及早治療相當重要。

骨科專科醫師
李始映

昨晚公司聚餐，
到現在酒還沒醒

「週末早上更累啊。啊，頭好痛啊。」

火熱的週五夜晚，你在同事聚餐時一杯接一杯地徹夜狂飲，第二天早上，果不其然頭痛與胃部不適找上門來。你的身體像是被水浸濕般有如千斤重，就連起身都覺得困難。好不容易爬了起來，拿起手機一看，偏偏今天是期待已久、早在一個月前就安排好的聯誼日！總不能帶著一身酒臭，用粗

糙又暗沉的臉出門見人吧。喝酒隔天必定宿醉，這到底該怎麼辦呢？不對，應該說難道沒有在聚會隔天，神清氣爽地迎接早晨的方法嗎？

宿醉的原因是毒性物質！

所謂「宿醉」指的是前一晚喝酒後，醉意與不適感一直持續到隔天早晨的狀態。為什麼我們會飽受宿醉的折磨呢？雖然在科學上尚未明確證實，但目前普遍認為最有可能造成宿醉的主因，就是酒精在分解過程中所生成的代謝物質「乙醛」。當酒精進入我們體內後，會先由肝臟裡的酒精去氫酶（ADH）代謝成乙醛，再由醛去氫酶（ALDH）代謝為乙酸，最後分解成水和二氧化碳，從身體排出。但如果飲酒過量，導致 ALDH 酵素來不及完全分解毒性強烈的乙醛，直接堆積在體內，就會產生噁心、頭痛、臉部潮紅、頭暈等症狀。而我們容易宿醉的原因，也與 ALDH 酵素有關，據說是因為亞洲民族體質中分解酒精的 ADH 酵素較多，分解乙醛

的 ALDH 酵素卻不多，因此很多人只要一喝了酒就會臉部漲紅，感到噁心想吐。

✳ 酒精分解過程

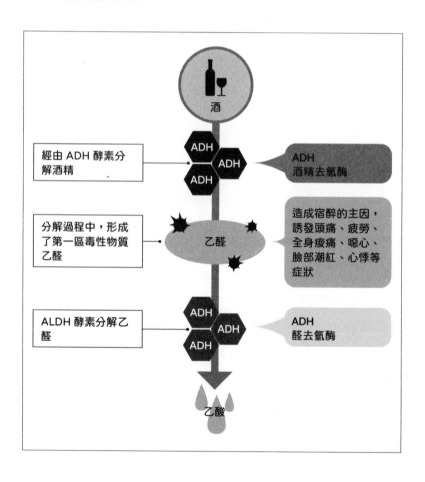

🩺 解酒液真的有效嗎？

在飲酒文化盛行的國家，便利商店或藥局裡都能輕易買到解酒液。大部分的解酒藥中，都包含了有助於分解乙醛或改善肝功能的成分。細看幾種最具代表性的解酒液，主要成份多為枳椇子萃取物。[1] 報告指出枳椇子中含有皂苷、類黃酮和保護肝臟的生物鹼，可防止肝損傷並增加體內解毒因子酶穀胱甘肽的活性。也有一些報告指出：在飲酒前攝取含有枳椇子成份的解酒液，會比酒後飲用效果更好。

除此之外，酵母萃取物也有助於消除宿醉。發表於韓國食品營養學會期刊的一項研究顯示，將主成分為酵母萃取物的緩解宿醉食品，和主成分為枳椇子萃取物者相互比較，結果顯示服用酵母萃取物時，血中的酒精濃度有些微下降，與完全未服用任何物質的對照組相比，在統計上取得了有意義的結果。在服用酵母萃取物之後，也測出引起宿醉的乙醛濃

1　一種常見中藥，自古多作解酒及護肝之用。

度降低了。但因為實驗樣本數太少，並無法將其推論為普遍的結果。

解酒液通常含糖量較高，這是因為肝臟在分解酒精的過程中，會利用到身體內的糖分與水分。此外，酒精分解過程中產生的輔酶會干擾葡萄糖的合成，造成酒後隔天的糖分與水分比平時更不足。一旦血糖下降，就會出現頭暈、嘔吐、疲勞等症狀。在這種狀態下，攝取果糖能暫時補充飲酒後下降的血糖，也有助於緩解宿醉狀況。自古以來，人們習慣在飲酒過量的隔天喝碗蜂蜜水，也是基於這樣的原理。

但解酒液迄今並未被歸類為藥品，大多臨床依據薄弱，只能被劃分為一般食品。解酒液畢竟只是單純的輔助食品，並未經由大規模臨床實驗證實其醫學效果。如果盲目認定只要喝了解酒液，就算喝多了也沒問題，那就太危險了。那麼，除了喝解酒液，還有什麼讓上班族在聚餐後減少宿醉的方法呢？

🩺 減緩宿醉的五個方法

第一，減緩宿醉最好的方法，就是不要過量飲酒。如果真的不得不喝很多酒的話，**就要注意水分攝取與補充睡眠，**要多喝水、多補充睡眠，這就是減緩宿醉的關鍵。酒精是皮膚老化最大的敵人，當我們的身體水分不足，皮膚角質層就會乾荒，使皮膚變得脆弱，甚至因血管擴張造成血管些微破裂。即使喝多了，也可以透過大量喝水、好好休息睡覺，最大幅度降低皮膚付出的代價。飲酒後的隔天早晨，你可以在臉上塗抹保濕乳液，鎮定一下乾荒的肌膚。

喝酒時吃了什麼對宿醉也會造成影響。**喝酒時，要避免空腹喝酒的情況。**搭配其他食物一起吃，就能避免身體攝取太多酒精。攝取碳水化合物（尤其是果糖）可以加速酒精分解，飲酒時一起食用就能減輕宿醉。如果平日喜好飲酒，**攝取維生素 B 群也相當重要。**在酒精分解過程中，脫氫酶扮演了從酒精去除氫離子的角色，而構成這種酵素的成分就是維生素 B3（菸鹼素）。菸鹼素是由蛋白質中的色胺酸轉化而

成，如果逼不得已需要常喝酒的話，最好同時攝取富含色胺酸的蛋白質。另外，如果經常飲酒過量，可能導致維持神經傳導的維生素 B1（硫胺素）不足。實際上，慢性酒精中毒者往往因為缺乏硫胺素，導致記憶力、判斷力及專注力的變化，還會造成顏面神經麻痺、憂鬱症、酒精性神經病變等症狀。如果喝酒的隔天想不起來發生什麼事，或是發生完全斷片的情況，請適當補充維生素 B 群，避免有助於神經傳導的維生素不足。

最後，最重要的是要記得「讓你的肝休息」。肝臟被喻為人體的化學工廠，是為進入身體所有東西解毒的最重要器官。如果知道每次我們喝了酒之後，肝臟得要做多少事，你肯定會大吃一驚。如同人過度工作後需要休息一樣，肝臟在辛苦工作後也需要休息。萬一飲酒過量，至少需要休息二至三天，以免造成肝臟的過度負擔。

身心科專科醫師
李宜燕

你問我睡得好嗎？
根本連睡也睡不著

「讓我再睡五分鐘就好……」

今天全身也有如泰山壓頂般沉重，你想著「讓我再睡五分鐘就好」，這點從小時候到現在都一樣。總要等鬧鐘響個三、四遍，你才好不容易關掉鬧鐘爬起身。人站在洗手台前，腦袋仍舊還沒清醒；梳洗完畢後的上班途中，疲勞感依然不減，一路上哈欠連連──這就是我們日常生活的早晨。

為什麼前一天既沒有熬夜，更沒有喝酒，卻還是這麼疲勞呢？試著回想早晨上班途中，比起充滿朝氣活力的模樣，更多人是滿臉疲勞、面無表情地走在路上。雖然也有可能是慢性疲勞、憂鬱或其他原因導致，但其實大部分都是因為睡眠品質不佳造成。上班族平時在公司裡，已經因為繁重的工作和人際關係壓力等飽受煎熬；如果把職場上的情緒帶到家裡，一直到深夜都無法好好消化的話，就會導致睡眠障礙。如果想要睡個香甜的好覺，迎接清爽的早晨，該怎麼做才好呢？

提高睡眠品質的習慣與睡眠衛生

也有人會說：「我身體沒有什麼問題啊，但就是睡不著。」如果你身體健康，既沒有會引起失眠的疾病，也沒有引發嚴重憂鬱或不安的壓力源，但卻還是失眠的話，這種症狀被稱為「原發性失眠」。一旦發生原發性失眠，首先要做的就是徹底遵守「睡眠衛生」。提到新冠肺炎等傳染性疾

病，你肯定聽過不少衛生相關知識；但對於「睡眠衛生」一詞，你可能多少會感到陌生。這就像我們要好好洗手，阻斷細菌和病毒等不速之客一樣，所謂的「睡眠衛生」，就是消除影響睡眠品質的習慣，在更好的環境下引導睡眠。睡眠衛生乍聽之下不是什麼了不起的辦法，但卻是能大幅提升睡眠品質的重要習慣。以下逐一為你介紹。

①**當你躺下睡覺時，房內必須是漆黑的狀態。**當光線被阻斷，人體就會分泌可以喚起睡眠荷爾蒙的褪黑激素，誘導我們入睡。因為光線是影響人體生理時鐘的重要因素，如果在要睡覺時仍有光線，睡眠週期就會變得混亂。在某些國家，可以透過處方箋的方式取得褪黑激素藥劑，讓日夜顛倒的人有效改變睡眠週期。其他方法還包括裝設遮光窗簾，減少光線，或是戴上睡眠眼罩等等。房間的溫度也是相當重要的因素，大家常誤以為身體要溫暖才會好睡，但其實不然，寢室溫度最好維持在感覺「微涼」的程度。

②**遠離我們最愛的「宵夜」。**在醫院看診時，有許多人會說他們常常肚子餓得睡不著，吃了宵夜、有飽足感後才

會想睡。這句話只對了一半。因為吃了東西以後，消化系統就必須努力運作，這時身體的血液會往胃腸流去。由於我們身體的血液量有限，流往腦部的血液量自然會減少，同時引發幫助消化的副交感神經作用，睡意自然陣陣襲來。但我們睡覺時，不只是腦，所有器官都必須要處於舒適狀態才能進入深層睡眠。如果吃了東西後直接躺平睡覺，但消化系統仍在努力運作，就會無可避免地造成睡眠品質變差。最好在睡覺前一、兩個小時就要避免進食。如果因為空腹感而難以入睡，就喝一杯讓心情可以變得愉快的熱牛奶，做為一天的收尾吧。

③**睡覺前不要過度運動。**維持運動習慣不僅能提升體力，還可以使大腦有所變化，有助於憂鬱症的康復。但如果過度運動，反而可能會妨礙睡眠。有些人會因為覺得自己精神太好，晚上可能會睡不著，而在下班後企圖透過高強度運動消耗體力。睡眠時，我們會陷入一天中最放鬆的舒適狀態，但如果在睡覺前五小時內進行劇烈運動，腎上腺素分泌會引發交感神經系統興奮，使身體進入清醒狀態，使人變得

難以入睡。如果是敏感的人，還可能導致睡眠障礙，還請特別注意。

　　④**不要將手機及時鐘放在身邊。**晚上睡不著覺、翻來覆去時，我們總是會忍不住看著時鐘，想著自己才睡不到幾個鐘頭；或是如果睡得著的話，還有幾個小時可以睡。當你想著「就算現在睡著，也只剩 3 個小時可以睡了，明天肯定會累死」，自然免不了引發心中的焦慮。現代人幾乎沒有人不在睡前滑手機的，如果非看不可，就打開抗藍光功能（護眼模式），儘量避免光線吧。由於手機跟時鐘一樣可以確認時間，最好也不要放得離自己太近。

⑤睡覺和起床時間的週期要維持一致。對飽受失眠之苦的人而言，這可是一點都不簡單，但是如同前面所說，維持一定的睡眠週期相當重要，至少試著努力維持固定時間起床吧。

⑥睡前 1 小時避免喝飲料。特別是有點年紀的人，半夜常會因為想上廁所而醒過來，所以要儘量避免睡到一半醒來而無法入睡的情況發生。

⑦避免攝取過量咖啡因。如果你已經飽受失眠所苦，就要儘量避免喝咖啡；如果非喝不喝，就儘量在中午以前喝完。咖啡因通常會在我們體內發揮 3 到 4 個小時的提神效果，即使是健康的成人，也需要大約 12 個小時的時間，才能排出體內 90% 的殘留咖啡因。因此如果在傍晚喝咖啡，很可能會影響睡眠。

⑧如果常喝酒的話，請減少飲酒量。酒精有鎮靜的作用，會降低身體的興奮度，在睡不著的時候喝酒，就會有種放鬆酥軟的感覺，很多人因此依賴酒精。但喝酒會導致整體睡眠品質下降，讓你無法進入深度睡眠，即使睡醒也不會覺

得神清氣爽。此外，如果老是依賴酒精入睡，就有可能越喝越多，慢性酒精成癮的可能性也大幅增加。

⑨**不要硬逼自己睡，從床上起來吧。**關了燈、做好萬全準備躺上床後，如果過了 30 分鐘還是睡不著，你會有什麼想法呢？繼續躺著的話，焦慮的情緒逐漸擴大，反而會更睡不著，這時乾脆就起來做其他事情吧。你可以坐在書桌前看看書，如果覺得想睡，馬上躺上床就行了。這裡要強調的重點是：除了提高睡眠品質之外，也要提升「睡眠效率」。所謂的睡眠效率，指的是「實際睡著的時間」和「躺在床上的時間」的比值。想要任意調整睡眠時間並不容易，但你可以嘗試縮短躺在床上的時間。減少躺平的時間來提升睡眠效率，有助於調整睡眠模式。即使一開始到半夜才睡得著，也要試著維持固定的起床時間。接著重複這樣的循環，直到睡眠效率超過 90% 為止。提升睡眠效率後，就可以嘗試把躺著的時間每次拉長 15 分鐘。只要透過這種方式，讓身體意識到床是一個想睡覺時可以躺著的空間，就能幫助你在想睡覺時立刻睡著。

⑩**午睡時間控制在 20 分鐘以內**。如果晚上無法熟睡，白天就免不了感到疲勞。想必你一定有過會議時間或工作時坐在螢幕前，不自覺地偷偷打瞌睡，或是為了要讓自己清醒一點，不停地灌咖啡的經驗吧。有些人會認為如果前一晚沒睡好，中午就一定要睡午覺，以補充一整天的睡眠時間。但如果午睡時間超過 30 分鐘，反而會破壞我們的睡眠模式。午睡有可能成為阻礙我們恢復生理時鐘的罪魁禍首，因此必須非常小心。

到這裡已經介紹了許多睡眠衛生習慣。如果你已經改變習慣，卻仍然無法睡得好的話，還有一種方法是超過 24 小時不睡覺，重新設定睡眠週期的「剝奪睡眠」法。但比起自行嘗試這種方法，更建議你去身心科尋求醫師協助，找到適合自己的方法，或是好好接受正規的藥物治療。我們常見到有人因為看到關於安眠藥副作用的文章，而感到惶惶不安，在選擇身心科做為專科之前，我也曾有過類似的偏見，所以完全可以理解這樣的心情。但身心科開立的大多數具有安眠作用的藥物，在短時間、小劑量使用時，並不需要擔心耐受

性或藥物成癮等副作用。如果你對它毫無頭緒，當然會感到焦慮；但是如果你正確地知道它、正確地使用它，它就會成為一劑良方。

🩺 無法入睡的真正原因是什麼？

在醫院裡看診時，常遇到有人認為自己是罹患原發性失眠，但其實是因為其他身體、心理疾病而導致無法入睡的「繼發性失眠症」。在問診過程中，總是可以發現一、兩個妨礙睡眠的原因：昨天因為小小失誤造成的自責；不得不看長官臉色所以壓力持續累積；不管再怎麼努力工作，也無法獲得成就感；和朋友或家人之間的小爭執；對茫然的未來感到恐懼；看到年紀相仿的同事被長官逼迫離職而感到擔憂等⋯⋯造成人們無法好好入睡的原因五花八門。治療失眠和睡眠衛生一樣重要的地方，就是要先找出失眠的原因。特別是發生繼發性失眠的症狀時，在治療失眠症狀之前，治療根本原因才是首要課題。如果是因為腰痛、罹患憂鬱症、或

是其他理由而無法入睡，就應該優先從這些根本原因進行治療。

在失眠一詞裡，每個人都帶著各自不同的故事，從瑣碎的壓力、嚴重的精神疾病到身體疾病，各式各樣的原因都可能成為失眠的根源，我們必須選擇符合自身情況的治療方法。即使接受了治療，也很難立刻如你所願，讓你一覺到天亮。但即使需要花上一些時間，只要接受專業人士的幫助，解決失眠的原因，就能夠一點一滴減輕失眠帶來的痛苦。

普遍認為，最適當的睡眠時間為 7 至 8 個小時。但對於忙碌的現代人來說，要讓生活步調跟上這個原則並沒有想像中容易。如此一來，儘可能提升睡眠品質與效率就變得相當重要。即使睡眠時間短，睡眠深度也要夠，請養成有效率的入睡習慣。如果還有其他造成你無法入睡的原因，就對症下藥，讓我們擁抱充滿活力的早晨吧。

內科專科醫師
李應顯

吃早餐
真的比較健康嗎？

「一定要記得吃早餐。」

起床之後，你稍微伸展了一下身子，看了一眼時鐘，算了算離刷牙洗臉準備好出門，還有一點點時間。雖然這點時間可能恍個神就會流逝，但你今天不知為何覺得浪費這段時光特別可惜。既然還有一點時間，那乾脆簡單吃個早餐吧。你想起父母總是叮嚀你一定要記得吃早餐，但為什麼就總是

懶得吃早餐呢？

「吃早餐有益身體健康」、「不吃早餐對身體不好」，
又或是「不吃早餐的話，可以減少卡路里攝取，有助於減
重」等，生活中充斥著許多與早餐相關、沒有科學根據的說
法與主張。健康節目裡說，早餐是三餐裡最重要的一餐；但
有時候有些專家卻說，就算沒吃早餐，其實也沒有太大關
係。所以到底需不需要吃早餐呢？現在就讓我們來好好探究
一下吧。

吃不吃早餐和減重有關係嗎？

早餐與減輕體重的相關性，是幾年來早餐爭論的核心。
這是因為不同研究者，會提出截然相反的主張與論點：某幾
項由穀片公司提供資金援助的研究中，主張早點吃早餐有助
於控制體重，反觀未接受過食品企業援助的研究，對此卻沒
有明確結論。

首先，讓我們來看看主張「吃早餐有助控制體重」一方的意見。營養學家安娜 凱斯基－拉科寧博士（Anna Keski-Rahkonen）主張吃早餐可以防止體重增加。試圖減重的肥胖者，通常會在晚間攝取比早上更多的卡路里。如果白天沒吃飽，就會因為飢餓與對食物的渴望加劇，導致他們在晚上吃得更多。這個理論便是建立在這樣的邏輯上。

　　也有另外的研究主張，比起沒吃早餐、活動程度高的人，吃早餐的人體重會更輕。但是他們的體重之所以較輕，與其歸因於有沒有吃早餐，更有可能的原因是生活模式和社會經濟條件變化，讓整體健康狀態獲得改善。例如，必須在夜間工作的勞工們，比朝九晚五的人更不容易吃到早餐，健康不佳的可能性也更高。因此，我們無法斷定有吃早餐的人體重一定比較輕，因為無法證明兩者間有明確的相關性。

　　與其相反，美國康乃爾大學研究團隊則指出：吃早餐與否與減輕體重之間，兩者並無太大的關聯性。該研究認為不吃早餐雖然可以燃燒更多的卡路里，但也會提高身體的炎症程度。對於該不該吃早餐，存在著各式各樣的意見，但有一

點可以確定：規律的飲食習慣，對於我們的身體健康確實有益。

　　假設早餐不過量，而且是在一定時間內、於固定的間隔時間用餐的話，吃早餐就對維持健康有很大的幫助。

⚕ 不吃早餐真的對健康有害嗎？

　　即使不以減重為目標，健康的早餐在各方面仍有許多好處。有吃早餐習慣的人會比較少吃零食，也有固定的飲食習慣，身體活動也會增加。相反地，沒有吃早餐習慣的人不只可能有肥胖問題，罹患糖尿病、心臟疾病等慢性疾病的可能也會增加。吃早餐可以促進新陳代謝這項健康指標，強化身體燃燒脂肪的能力，並有預防如第二型糖尿病等慢性疾病的效果。最近相當流行不吃早餐的飲食模式，間歇性斷食就是一例，但這種模式會對身體帶來什麼影響，還有待更多研究釐清。

雖說為了健康的生活，還是要吃早餐比較好，但是如果早上真的不餓、真的吃不下的話該怎麼辦呢？會為此感到苦惱的人，可能是因為有在深夜吃宵夜的習慣，早上才不覺得肚子餓。如果減少吃宵夜的份量，或是乾脆不要吃的話，早上自然會感到飢餓，也就會想要吃早餐，如此一來，就能改善整體的飲食習慣，身體自然而然也會更健康。

健康吃早餐的小訣竅！

如果下定決心要養成吃早餐的習慣，究竟要吃些什麼才好呢？好的早餐要包含「蛋白質」、「穀物」、「健康的脂肪」和「水果或青菜」四大類食物。蛋白質和脂肪能夠增加飽足感，讓你減少不必要的零食攝取；穀物、水果和青菜則是可以補充膳食纖維、維生素和礦物質。如果想滿足這些條件，同時吃得簡單的話，不妨在希臘優格裡加些堅果類和水果，再撒一些穀片當作早餐。

吃早餐的適當時間，雖然會隨每天的行程或需求變化，但一般來說，最好在起床後一小時內吃。吃早餐就像幫汽車加油一樣，汽車要有汽油才能前進，人也要吃東西才能動。如果不提供燃料給身體，就會降低工作、生活或運動的品質。越是激烈的身體活動，就需要攝取越多的碳水化合物，以及較少的脂肪與纖維質，這時候燕麥或穀片是很好的選擇。如果進行超過 45 分鐘的跑步或健身等劇烈運動後，為了要恢復體力就需要再度進食，此時最好補充適當的水分、碳水化合物及蛋白質。如果是走路等較輕鬆的運動，就不必為了恢復體力另外進食。

　　吃早餐是維持健康生活的好選擇，但對體重的變化並無特別影響。如果因為想要減重而選擇不吃早餐，並沒有什麼太大的意義。起床後的 1 小時內均衡攝取健康且成分多元的飲食，才是透過吃早餐獲得健康的秘訣。

皮膚科專科醫師
金台翰

聽說在早上洗頭
會導致掉頭髮？

「額頭什麼時候開始這麼空蕩蕩？」

　　你無意間撥了撥瀏海，竟然發現自己的髮際線似乎變得更高更寬闊了。一想到掉髮是因為基因問題，頭髮稀疏的親戚們的模樣就自動浮現腦海。你立刻拿起手機，搜尋防掉髮的洗髮精和防止掉髮的習慣，卻發現有文章寫道「晚上洗頭髮有助於預防掉髮」難道是最近都早上才洗頭，頭髮才會掉

得比較嚴重嗎？

我們身體上的毛髮扮演著重要的角色。在人類裸著身子生活的古代，毛髮有維持體溫的作用，還可以阻斷不必要的紫外線，防止皮膚曬傷。即使到了現代，我們的毛髮仍然保有數項功能：睫毛可以預防灰塵或異物跑進眼睛裡；眉毛可以防止汗水流進眼睛裡，妨礙到視線。其中「頭髮」不僅在功能性上，在外觀上也對現代人具有特別的意義。

我們全身上下大約有 500 萬個毛孔，其中約 100 萬個是分布在我們的頭皮。該如何好好守護這 100 萬個毛孔，是身為現代人的煩惱。我們為了守護自己的毛髮做了各式各樣的努力，但越是關心掉髮，錯誤資訊與誤解就越氾濫猖獗。其實，掉髮問題在很久以前早就是人類的眼中釘了。不管是統治歐洲的羅馬帝國凱薩大帝，又或是提出相對論的愛因斯坦都未能征服的掉髮問題，該有多棘手呢？莎士比亞大概也是飽受掉髮之苦，才留下了「雖然歲月帶走了我的頭，卻給了我智慧」這樣有趣的名言。即使如此，輕言放棄還太早了，從現在開始徹底了解、堅持不懈好好照顧頭髮吧。不要

被那些誇張的廣告或不實謠言動搖，要守護自己的頭髮，唯有知道正確資訊一途。

頭頂稀疏，莫非我也有雄性禿？

　　和男性相比，女性掉髮的比例較低，而且少有像男性一樣導致禿頭的案例。但這種罕見的女性掉髮還是有機率發生，醫學上稱為「女性雄性禿」。女性雄性禿的特徵，是頭頂附近的頭髮會變細，髮量也會變少。如果你去剪頭髮時，被美髮師說頭頂稀疏的話，就有很高機率是有掉髮症狀。判斷自己是否有女性雄性禿的方法相當簡單，就是先確定家族裡是否有人為禿頭。父母與兄弟姐妹中是否有人是禿頭，或是有嚴重掉髮的情況？如果有的話，就屬於高危險群。有此隱憂的人，請試著每隔六個月拍攝自己頭頂的照片。每六個月確認一次拍攝的照片，如果看得出來頭頂逐漸變得稀疏，最好前往皮膚科，根據自己的狀態接受適當的治療。在各式各樣的治療方法中，最基本的治療就是直接在頭上塗抹生髮

水。只要將最具代表性的生髮藥品米諾地爾（minoxidil）塗抹在頭皮，就可以減緩掉髮的症狀，重新找回蓬鬆的頭髮。就女性的情況來說，通常會開立濃度 3% 的米諾地爾做為處方。不過如果是第一次塗抹米諾地爾，在一、兩個月期間可能會掉更多頭髮，出現「脫落（Shedding）」的現象。這與掉髮症狀無關，只是藥物在發揮作用，讓到了壽命盡頭、即將脫落的頭髮掉落。

如果外用藥物無法發揮太大效果，也可以使用口服藥等其他方法。雖然這種治療方法比較艱辛，但在醫學上確實有效。比起依賴網路上廣告的毛髮保健品或健康食品，建議最好還是去皮膚科實際諮詢。防掉髮洗髮精或健康食品、營養品等在家自行處置的方法，效果並不如預期的好，有很高的可能性只是在浪費錢。相反地，到醫院接受治療雖然需要花一筆錢，但效果將會更確實，副作用也會少於預期。如果真的產生副作用，只要中斷治療，幾乎不會有什麼問題，沒有必要過度擔心。

🩺 有哪些經過證實的雄性禿治療方法呢？

　　有許多男性因為雄性禿落髮問題而深受其擾，但幸運的是，比起女性雄性禿，男性雄性禿對治療的反應更佳，也有特效藥。雖然雄性禿掉髮的男性比女性掉髮的比例更高，症狀也更嚴重，但只要接受治療，就有可能恢復過去茂盛的髮量。雄性禿落髮的治療通常以口服處方藥物為主，主要分成兩種：一種名為「柔沛」，含有非那雄胺（Finasteride）成分；一種名為「適尿通」（Avodart），含有新髮靈（Dutasteride）成分。非那雄胺一開始是用於治療攝護腺肥大的藥物，服用藥物的人出現了生長頭髮的效果，因此目前也做為抗禿生髮藥使用。研究團隊經過數次臨床實驗，找出了可以達到治療掉髮最佳效果的用藥量區間。根據研究顯示，非那雄胺的建議每日服用量是 1mg，也就是一天服用一粒。比起治療M型禿，在治療圓頂禿上更有效果，只要服用三至六個月，就能看到顯著效果。

許多人會擔心服用這種藥物，可能導致性功能障礙和男性女乳症等副作用。但大規模的研究結果顯示：服用藥物者中，性慾降低者只佔約 1.8%，勃起障礙者只佔約 1.2%。此外，服用無效藥物的對照組則是各約有 1.3% 和 0.7% 的人產生副作用。以結論而言，100 個人中只有不到 2 人會產生性功能障礙的副作用，這樣的數字幾乎是微乎其微，而且很有可能是因為老化或缺乏運動等其他因素引發，並不到需要擔心的程度。男性女乳症也是 1,000 位服用藥物者中約只有 4 至 10 人會出現的罕見副作用。男性女乳症是乳房略感疼痛，組織腫脹增生的現象。如果服藥過程中並沒有變胖卻出現這種症狀，應該立即停止服藥並洽詢專科醫師。

那麼我們在擔心掉髮時，經常使用的防掉髮洗髮精真的有效嗎？遺憾的是，目前為止還沒有出現醫學上認證有效的防掉髮洗髮精。也因此防掉髮洗髮精皆非「藥品」，而是被分類為「髮類化妝品」在市面上販售。雖然防掉髮相關產品會宣稱能讓頭髮變得強韌，或是能防止掉髮，但這樣的功效並未獲得明確證實，身為明智的消費者也不必特易購買。

總結來說，隨著年齡增長而形成的雄性禿落髮，其治療方法可以歸納成一種。r 截止目前為止，經醫學證實效果最明顯的只有「口服藥物」。雖然外用的米諾地爾也有效果，但最強而有效、用藥最方便的還是非那雄胺和新髮靈等口服藥物。如果服用後未產生副作用，即使長期服用也不會引起大問題。但因為這類藥物會降低攝護腺特定抗原 PSA（Prostate Specific Antigen）的數值，可能會在判定攝護腺癌時導致混亂。如果你的年齡超過五十歲以上，建議在服用藥物的同時，每年也定期檢查 PSA 數值。

✚✚✚ 上班族的健康煩惱，就問問醫生吧 ✚✚✚

Q 在早上洗頭會導致掉髮嗎？

A 早上洗頭並不會讓頭髮掉得更多，也不會造成掉髮問題。會有這樣的說法，大概是因為大家在早上洗頭時，「感覺」頭髮掉了很多。但我們每天本來就有將近 100 根頭髮會正常掉落。頭髮在你睡了一晚後生命週期走到盡頭，即將掉落，才會讓你在早上洗頭、吹頭時覺得一次掉了很多，誤以為自己有掉髮症狀。但這些

頭髮即使不在早上洗頭掉落，也會在你白天活動期間掉落，所以不用過度擔心。不過先不說掉髮問題，從洗去一整天堆積的室外灰塵和老廢物質的意義來說，在晚上洗頭會更好。

Q 因為壓力大造成頭皮發熱而且疼痛，該怎麼護理頭皮呢？

A 若是頭皮發熱且出現疼痛症狀，大部分原因可能是因為脂漏性皮膚炎惡化。脂漏性皮膚炎如果嚴重到出現疼痛，最好到皮膚科尋求藥物處方。但也有幾個在家裡就能鎮靜肌膚的方法。你可以在醫師指示下，購買能夠抗發炎的洗髮精，例如：藥局買得到的含酮康唑（ketoconazole）或環吡酮胺（ciclopirox olamine）洗髮精可能會有幫助。此外，在洗頭的時候，最好養成以手指輕輕搓揉頭皮進行按摩，並徹底沖乾淨老廢角質及頭皮油脂的習慣。

Q 什麼樣的生活習慣可以預防掉髮呢？

A 只要記住三個生活習慣就可以預防掉髮！第一點就是「營養」。營養不足可能導致急性掉髮——尤其是在過度激烈減重的時候。營養不良對掉髮而言可是致命傷，減重時最好制定三個月以上的計劃逐步減重，同時攝取足夠的蛋白質及鐵質。

第二點是「洗髮精」。含有原青花素（Oligo Proanthocyanidin，OPC）、生物素、藍銅胜肽、齊墩果酸、芹菜素、菸鹼酸等成分的洗髮精具有預防效果。雖然不足以逆轉已發生的掉髮，但就預防的角度來看，這些都是經過實驗證實有效的成分，不妨一試。

此外，在洗頭時，你可以用洗髮精將堵塞毛孔的老廢角質及髒汙洗去，並用指尖輕柔按摩頭皮。

第三點是「好好珍惜頭皮與頭髮」。有些人在壓力大的時候會忍不住抓頭皮、抓頭髮等等，這是個壞習慣。尤其是患有脂漏性皮膚炎的人，會因為搔癢而經常抓頭皮，這會扯斷頭髮、導致掉髮，還會使脂漏性皮膚炎惡化。另外，常把頭髮綁得很緊也可能引發牽引性掉髮，所以要特別注意。

Q 聽說黑豆可以改善掉髮，是真的嗎？哪些食物或保健品有益頭皮健康呢？

A 黑豆能改善掉髮是錯誤的謠言。實際上，黑豆並不含任何經科學證實、有助改善掉髮的成分。但因為黑豆富含蛋白質跟礦物質，就營養層面而言，攝取黑豆確實有益健康。頭髮有 80% 是由名為角蛋白的蛋白質構成，如果蛋白質供應不足，長出的毛髮不健康，就有可能造成掉髮，因此最好充分攝取蛋白質。

保健品部分，你可以購買含有泛酸（維生素 B5）、角蛋白和抗氧化劑成分，或維生素成分的護髮素。但與其期待護髮素有明顯效果，不如想成是用來補充原本不足的成分。

AM
PM
08:80

上班族上班去

我想我的身體
在抗拒去公司吧

內科專科醫師 **李應顯**
皮膚科專科醫師 **金台翰**

今天的空氣裡
也充滿了懸浮微粒啊

「不知道是不是因為懸浮微粒，天空都霧濛濛的。」

坐在上班路上的公車裡望著窗外，看著那一片彷彿起霧般灰濛濛的天空。你拿起手機查詢一下今天的空氣品質指數，果然空氣品質處於「非常差」的狀態。光看就覺得對健康很不好的懸浮微粒，這幾年成了相當嚴重的問題。具有過濾懸浮微粒功能的口罩，去除沾黏在皮膚上的懸浮微粒清潔

用品登場了，空氣清淨機也成了家庭必備家用電器。比較關心健康的人在外出前總是會確認一下懸浮微粒濃度，或是使用相關產品，並注意懸浮微粒的狀況。但懸浮微粒究竟是在哪些方面對健康有害呢？和漂浮在家中的普通灰塵又有何不同？為何它讓我們得在外出時戴上令人窒息的口罩，讓我們即使生活不寬裕，也得買上一台空氣清淨機？

懸浮微粒，微小卻強大的影響力

懸浮微粒如其名，是非常微小的灰塵，直徑在 10 μm（微米）以下的灰塵稱為「懸浮微粒」（PM10）；其中更微小、直徑在 2.5 μm 以下的，稱為「細懸浮微粒」（PM2.5）。頭髮的直徑約在 50 μm 左右，就可以看出懸浮微粒有多麼細微了。因為懸浮微粒的大小實在太微小了，加上我們的身體沒有可以過濾外來物質的濾網，因此會深入人體。異物進入人體固然是大問題，但更嚴重的是，懸浮微粒是由硝酸鹽、硫酸鹽、銨鹽、重金屬等，對人體有害的致命物質所構成。

懸浮微粒是代表性的一級致癌物，同時也是導致氣喘更加惡化的主謀，其危害是無法言喻的程度。

雖然懸浮微粒對人體有害是顯而易見的事實，但是有許多人不清楚具體來說到底對人體會造成什麼影響。懸浮微粒與呼吸器官、心臟疾病、腦部疾病、過敏疾病、皮膚病等許多疾病有所關聯。而且比起年輕人，對患有慢性疾病的患者、老年人、幼兒更具致命性危害。

懸浮微粒是根據 10μm、2.5μm、1μm 等直徑大小來做區分，體積越小，對身體的影響就越大，因為越小就越有可能滲透到肺部深處，一部分混進血液裡，跟著血液在全身流竄。最直接受到懸浮微粒影響的就是呼吸器官，我們每次呼吸時，小粉塵會進入肺部，體積較大的懸浮微粒會在幾天後排出體外，但如果是非常微小的粒子，便會留在人體內，短則幾週、長則幾個月。這些比沙粒細約十倍的懸浮微粒，會在我們呼吸時吸附在支氣管和肺部，引發炎症，導致鼻咽、氣喘、鼻竇炎、支氣管炎，甚至是肺炎等疾病。氣喘或慢性肺部疾病的患者會對懸浮微粒更加敏感，導致病情惡

化、引起急性疾病，使得早期死亡的機率增加。根據 2015 年統計資料顯示，韓國約有 18,000 名患者患有與懸浮微粒相關的肺部疾病。

不只是肺部，懸浮微粒也會誘發血管與腦部相關疾病。2.5 μm 的細懸浮微粒從肺部滲透到血管中，在我們身體各個角落遊走，並且沉澱在血管中。嚴重時，可能會引發腦中風、腦梗塞、心臟麻痺。簡單來說，微小的細微物質會阻塞我們腦部與心臟的血管。如果因此生成血栓，就會出現心臟麻痺、心肌梗塞、心律不整等症狀。懸浮微粒也會對廣泛的智能不足、失智症、憂鬱症等記憶力和整體精神健康造成負面影響。2013 年世界衛生組織將懸浮微粒列為一級致癌物質，這表示懸浮微粒不只是「與癌症相關」，而是會「引發癌症」的物質。其中，懸浮微粒與肺癌有極大的關聯性。

懸浮微粒現在已經成了我們日常的一部分，要正確了解前面所說的內容，並且徹底防範，尤其是老人、小孩及患者，更應該要小心。霧霾嚴重的日子儘量避免外出活動，如果一定要出門，戴防霧霾口罩會有很大的幫助。因為一般口

罩無法過濾懸浮微粒，你可以選擇有防霧霾功能的口罩，其規格通常會顯示能過濾微小粒子的百分比。

懸浮微粒會讓皮膚變差嗎？

對呼吸器官造成負面影響的懸浮微粒，也會滲透到我們人體面積最廣大，且相當重要器官之一的皮膚中。當懸浮微粒滲透到皮膚中，會引起發炎性的皮膚疾病、使異位性皮膚炎惡化，這在醫學上已經得到多次證實。雖然可以戴口罩保護呼吸器官，那麼要怎麼做才能保護皮膚免於懸浮微粒的摧殘呢？

首先，最重要的是儘可能遮蓋皮膚。雖然這聽起來只是基本原理，但也是阻擋懸浮微粒的方法中最有效、最方便的方法，只要穿能遮蓋皮膚的長袖、長褲就可以了。缺點是沒有衣服可以連臉也蓋住，而且在炎熱的夏天裡，要穿長袖、長褲，在現實中要執行也不容易。

第二，選用可以阻斷懸浮微粒機能的產品。化妝品業界

積極推出抗汙染（anti-pollution）的產品，抗汙染產品會在皮膚上形成一種薄薄的保護膜，減少懸浮微粒吸附。如果霧霾嚴重的日子，可以用經驗證有抗汙染機能的化妝品來取代平常使用的化妝品，保護自己的肌膚。但抗汙染產品也是有侷限的，不管怎麼說，這個市場都還在起步階段，驗證方法也無法非常嚴格，甚至有許多未經驗證，卻宣稱能抗汙染的廣告不實產品。

要獲得抗汙染產品的認證，必須遵照相關機構規定的標準通過實驗才行。但是其驗證方法卻是漏洞百出，令人不敢恭維。雖然實驗只需要二十位受試者，但這些受試者的皮膚在實驗前應該處於什麼樣的狀態，卻沒有統一的標準。另外，因為不是在特定的國立研究機構進行驗證，而是製造商的研究資料為基準進行，因此難以加以信賴。更何況也沒有可以阻絕多少程度的懸浮粒子為標準的數值，只要統計上呈現有意義數據，就能通過。期待化妝品製造業者今後不要只熱衷推出「抗汙染認證」的市場行銷，可以推出實質上有幫助的產品。消費者也不要盲目相信這些產品，而是要將其視

為多種方法中的一種。

　　第三，要徹底清潔已經沾黏的懸浮微粒。外出回家後最好馬上洗澡，要怎麼洗澡最好，我們會在後面提到。霧霾嚴重的日子要比平時更加仔細注重清潔，即使你洗臉時覺得已經很仔細清洗了，但是其實沒洗到的地方比想像的還多，代表性部分有髮際線附近、臉的邊緣、下巴下方、雙眼之間。外出回到家後，用常溫水將臉部各個角落仔細洗淨，雖然有人會為了清潔滲透進毛孔裡的懸浮微粒，使用洗臉刷之類的清潔工具，但是因為會帶給肌膚太多刺激，最好不要使用。卸妝時，用卸妝油卸去臉部彩妝，之後再使用無刺激的潔顏產品洗臉。雖然說洗臉要仔細清潔，但按摩臉部一分鐘以上反而可能損害皮膚，所以要小心注意。在主打懸浮微粒的恐怖行銷中，還出現了清洗懸浮微粒的潔顏產品。但是與前面提到的抗汙染產品不同，大部分清潔懸浮微粒的卸妝產品既沒有相關認證，也很難以信賴。因此，與其另外購買清洗懸浮微粒的潔顏產品，不如使用適合自己肌膚的產品就可以了。

身心科專科醫師
李宜爽

每天都哭著去上班的 A，
是得了「星期一症候群」嗎？

「光是想到要去上班，就覺得胸口悶悶的。」

度過了快樂的週末，一到了星期天晚上，茫然的擔憂與不安就會襲湧而上，想到主管在會議上訓斥人的嘴臉，就不想做任何事情。你是否曾在早晨因身體沉重，而難以起床，或是在晚上時，祈禱明天不要到來？突然間不知為何一股怒氣湧上，就連沒什麼大不了的事情也覺得煩躁，好像對所有

事情反應都過度敏感呢？這種症狀一旦加重，晚上就會睡不著覺，身體到處都又痠又痛，這就是我們常說的「星期一症候群」的症狀。星期一症候群實際上是一種疾病嗎？治療方法又是什麼呢？

「做一天和尚，撞一天鐘。」這句話在過去被認為是理所當然——如果你不喜歡這家公司，不喜歡現在負責的工作、一起工作的同事，那當然是你自己得離開的意思。但是現實並非如此簡單，工作再辛苦也得要做，再討厭的人也還是要每天面對且磨合才行，韓國甚至設立了「反職場霸凌法」，就可知道與此相關的上班族壓力有多巨大沉重。當然競爭激烈的社會裡，覺得比別人落後，或是工作突然增加，難免會有來自工作上的壓力，但是其實上班族最大的壓力很常來自於「人際關係」。

星期一，先從照顧自己的心靈開始

在精神健康狀態下，即使聽到別人的批評指教，也可以

像開玩笑一樣，一笑置之；但是當內心沒有餘裕時，即使不是什麼大事，也難免會受到很大的傷害與驚嚇。這種情況如果反覆出現的話，就會像俗語說的「一朝被蛇咬，十年怕草繩」，只要稍有相似的事情發生，就會感到害怕，逐漸累積壓力，之後公司整體就會變成令人感到不安與厭惡的對象。在這種狀態下，理所當然很難集中精神在工作上，也會常發生失誤、經常遲到甚至逃避上班。那麼細膩且複雜的人際關係壓力究竟該如何解決呢？

這種時候，首先需要先了解自己的心靈：你應該思考令自己感到恐懼的事情究竟是什麼？必須觀察自己的思考是否逐漸變得扭曲？被稱為認知治療之父的心理學家亞倫·貝克（A. T. Beck）將前述類似的症狀稱作「自動化思考」（asutomatic thoughts）。所謂的自動化思考，是基於某段記憶或刺激而形成的主觀想法，讓人自動出現特定的情緒反應或行動。貝克透過來諮商的個案整理了自動化思考的發展過程，在這些個案中有位年輕的男性，被要求在諮商時心裡想到什麼，就毫無保留全部說出來，可是他卻無法說出與特

定主題相關的想法。對此感到很奇怪的貝克回顧了患者的過去經歷、與家人的關係等所有資料，最後認為如果想理解心理問題的本質，先掌握個案的特定思考類型非常重要。有一天，這位個案對貝克發脾氣後自責地說：「我不應該說這種話⋯⋯指責別人是不對的，我這人真的太壞了，所以現在醫生一定會討厭我。」個案陷入特定的事件和情緒，自動預想之後的情況，落入了自我貶低的自動化思考中。

像這樣的自動化思考，是因為過往經驗中學習而來的想法與情緒，讓當事者對尚未發生的事情預先感到擔憂與不安，陷入憂鬱的情緒。嚴重巨大的壓力導致心理不安的人特別容易陷入極端或扭曲的自動化思考。例如拜託隔壁實習員工整理資料，對方卻沒辦法準時交件時，就會覺得「他是故意忽略我

吧？」；上班後看到主管表情不好，就會馬上擔心「是不是我做錯了什麼，讓他不滿意呢？」即使是遇到瑣碎的小事，也會忍不住想像負面的未來，認為情況肯定會進一步惡化。這種扭曲的思考，會持續帶給我們壓力。我們必須切斷自動化思考，才能避免壓力不斷累積。

🩺 我的不安是來自於什麼想法呢？

在認知行為治療中，基本上是遵照人類經驗到的「情境－思考－情緒－行動」的模式來說明。簡單來說，當壓力「情境」發生，對此狀況有了扭曲的「思考」（自動化思考），產生了負面「情緒」（憂鬱感、無力感），就會做出不正確的「行動」（不好的語言習慣、消極的態度、暴力等）。治療的核心在於阻斷錯誤的思考，自我覺察因認知扭曲而導致的負面自動化思考，使想法及情緒往更好的方向產生變化。回想一下自己承受壓力的情況：當時你有什麼想法？感受的核心情緒是什麼呢？如果想起來了，就尋找出其

中誘發自動化思考的認知扭曲吧，因為認知扭曲是扮演引導自動化思考的橋樑，所以非常重要。接下來整理出我們容易犯的十種典型認知扭曲。

1. **誇大或貶低**：與實際無關，極端的高估或低估。

2. **災難化思考**：與現實狀況無關，想像最後一定會完蛋的最糟情況，陷入恐懼中。

3. **忽略正面反饋（取消資格）**：無視以前到現在表現得很好的經驗，貶低自己且看低自己的能力。

4. **二分法思考**：比起連續性概念，將所有經驗都看成像黑白邏輯，沒有中間地帶的事物。

5. **標籤化**：以自己的行動與特性為標準，為某人或某事創造負面形象。

6. **情緒化推理**：不依理性與理論做結論，而是把自己的經驗和情緒當作真實，把未來往錯誤方向思考。

7. **選擇性摘要**：非根據整體，而是只根據一部分，並將其視為整體，不接受違背自己所想的事實。

8. **妄下結論**：在沒有明確證據下，根據自己的感覺下結論。

9. **過度類化**：根據只發生過一、兩次的事件，就做出總會如此的結論。

10. **個人化**：把因為其他理由發生的事，認為是自己的責任。

　　如果好好觀察自己感到的不安是由哪種認知扭曲發展而來，並試著改變的話，在公司裡感受的壓力和星期一症候群也會逐漸好轉的。這裡舉個例子，讓你更加容易理解：A 努力寫好每個月要提交的一份報告，交給主管，並收到了哪些地方可以改善的回饋。但他今天卻莫名有被訓斥的感覺，忘記了自己一直以來都表現得很好，滿腦子想著「我完蛋了，現在人事考核評價肯定被扣分，別說升遷了，是不是該辭職了？我每次都是這樣，我真的是失敗者」，變得悵然失落。

　　如果一一分析這裡出現的認知扭曲，就會發現「我完蛋了，也許應該要辭職」的想法，是對於尚未發生的事情預測

了最壞情況，屬於災難化思考；「我每次都是這樣」，因為聽到一、兩次責備的事情，就像是每天都被訓斥一樣，這是過度類化。「我真的是失敗者」的想法，則是用否定的表現方式，給自己貼上了錯誤的標籤。你可能會覺得這太誇張，但實際上真的有許多人會發生這種認知扭曲。從第三者的立場客觀來看，就會知道不可能因為一份報告就失去升遷機會，或是因此而被解僱，也不會因為這件事就成了人生的失敗者。

🩺 機智的職場生活，自我的認知治療

　　為了矯正因認知扭曲而導致的自動化思考，必須要先了解屬於「為什麼我會這樣思考，並且如此堅信」的「核心信念」。想要達到核心信念，就要持續不斷自我提問，自動化思考對自己來說具有什麼意義，即為什麼自己會這樣想，A的情況就可以這樣提問。

「我真的是一個失敗者。」

　　→ 對我來說失敗者意味著什麼？

「失敗者就是什麼都做不到的人。」

　　→ 為什麼會這樣想？

「如果什麼都做不好，身邊的人都會討厭我。」

（……）

　　像這樣以這種方式不斷反覆提問和回答，就可以看出因為過去不好的記憶，對 A 形成了「我會得不到別人的認可和喜愛」的核心信念。那麼就試著在 A 過去找出可以反駁這核心信念的例子，創造一個新的核心信念。A 在下班有可以一起喝一杯啤酒的朋友、有心愛的人、經常去旅行，也和大家都相處得很好，回憶像這樣正面的過往經驗，「雖然害怕自己再次感到孤單，但是身邊的親朋好友都喜歡我原本的模樣」形成新的核心信念，第一次回過頭來，慢慢修正自動化思考。不只是行動，我們的思考方式也會向習慣一樣出現，因此很容易流向之前熟悉的負面信念。這時候不要被這樣的

想法牽著鼻子走，只要重新建立積極正面的核心信念、試著反駁，就會有很大的幫助。

🩺 要玩得開心才能克服星期一症候群！

　　自我認知治療固然必要，但是其實最簡單、最重要的方法，就是充分傾吐令自己難過的事情，如果在職場上發生了讓自己感到有壓力的情況，也可以向好友或熟人吐露自己的心聲。你當然也可以尋求身心科醫師的協助，或是尋求心理師的諮商協助，像這樣轉換心情也會帶來很大的治療效果。不過如果能和親友相互鼓勵，才是最棒的治療法。

　　要不然也可以找找屬於適合自己的消除壓力方法。所謂的「紓壓消費」一詞雖然是流行語，也代表最近很多人會靠花錢來紓解壓力。當然過度消費是不行的，但是掌握自己的消費模式和口袋深度，與三五好友相約，或是探訪氣氛好的咖啡廳、美食餐廳、去旅行，都對紓解壓力有很大的幫助。如果只靠休息還不夠，就要好好地玩、玩得開心，是克服星

期一症候群相當重要的關鍵。雖然這些方式不是直接的解決方案，但是有助於我們不將受傷與痛苦的情緒帶回家。如果帶著疲累的心情下班回家，遷怒到家人或朋友，對他們發脾氣，不僅會無辜波及旁人，看到自己這個樣子，也會感到後悔而痛苦不已。這樣對公司以外的人際關係也會造成負面影響，最終損害你的自尊心，陷入無法自拔的懷疑感及失落感的深淵，惡性循環反覆出現，如果能在這之前事先預防的話不是很好嗎？試著公私分明，確實區分在公司的自己和下班後的自己。不管身為代理還是課長，你的角色「朝九晚六」就很足夠了。

復健科專科醫師
李宜昌

步伐蹣跚的你，
膝蓋和腰還好嗎？

　　A 平常只有往返家裡和公司，幾乎不太需要走路。他好不容易下定決心去散步而走出家門，繞著公園走了一圈，對於自己似乎顧到了健康而感到一絲欣慰。然而開心是短暫的，回家的路上，他感到雙腿變得沉重，膝蓋和腰的疼痛也漸漸加劇。

「雖然我平日確實運動量不足，但才走一下下膝蓋跟腰就覺得痛，該不會是有什麼問題吧？」

🩺 錯誤的走路方法是造成疼痛的主因

我們每天都在走路，走路是我們的日常，也是相當自然的行動，因此沒空另外花時間運動的現代人來說，走路是最容易可以做到的運動。可是這樣每天都會做的動作，卻很少人會仔細思考正確走路的方法。走路運動雖然有益健康，但如果用錯誤方式長時間走路，就會對關節造成負擔。因此，在毫無計劃地走路運動前，首先最重要的是先掌握自己的姿勢是否正確。

錯誤的走路姿勢有哪些呢？最常見的姿勢之一就是走路外八，所謂的外八就是走路時腳掌呈現「八」字形的模樣因而產生的名稱，走路時腳尖的角度往外張開 15 至 20 度以上的狀態。一般來說，根據走路腳尖的方向角度，可以分成外八字、內八字和正常三種類型的走路方式。

曾經被稱為「兩班[1]步伐」的外八，會造成各種關節及身體部位的負擔。如果走路外八，不只是腳尖，就連髖關節也會向外旋轉，腰部也會向後傾斜地走路。如果不矯正外八的走路方法，肌肉過度緊張與不均衡，有可能會引發骨盆歪斜、脊椎疾病以及腰部疼痛。而且因為體重持續偏重單側，也可能會造成膝蓋、腳踝、髖關節退化性關節炎。通常走路外八的情況經常出現在很常盤腿、O 型腿或肥胖者身上。

✳ 根據走路腳尖方向角度區分的走路方式

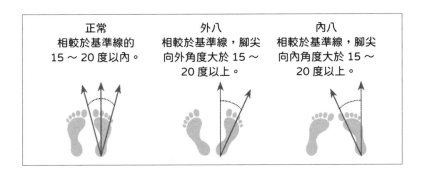

正常	外八	內八
相較於基準線的 15～20 度以內。	相較於基準線，腳尖向外角度大於 15～20 度以上。	相較於基準線，腳尖向內角度大於 15～20 度以上。

1　譯註：古代朝鮮貴族稱之為兩班。

除此之外，挺著肚子往前凸出的腰椎前凸步行方式，也是常見的走路方式。腰椎前凸挺肚子走路的話，會讓身體重心往後，對脊椎造成負擔，導致姿勢失衡而出現類似走路外八的情況。腳踏在地上的方式也會是形成痛症的原因，如果拖著腳走路的話，就無法正常使用腿部的肌肉，走路時也無法以充分的步伐行走，腿部很容易就會感到疲勞，進而容易出現疼痛。偶爾也會看到有人走路，砰砰砰地像把腳用力摔到地上一樣，這種情況會帶給腳底很大的衝擊力，無法分散體重，造成腳與腳踝的疼痛。因此走路時要腳跟先著地，接著腳掌、腳趾的順序，自然地走路。

正確地站，正確地走

　　錯誤的走路方式，可能導致各式各樣的症狀與疾病。那麼，什麼才是正確的走路姿勢呢？在熟知走路方法前，首先必須要確認什麼才是正確的站姿，對著鏡子側面站立時，耳朵、肩膀、骨盆、膝蓋呈現一直線的話，就是正確的姿勢，

頭不要往前伸，脖子筆直伸直地站立，背部不能駝背，或是過度向後傾，膝蓋不能向後仰。走路時，視線要舒服地向上15至20度左右，最好不要看著地上，或是視線往下，下巴輕輕往前拉，腰部要挺直，稍微用力收小腹的狀態，手臂輕鬆隨著步伐晃動，這就是最自然且正確的走路姿勢。

當走路姿勢不正確的話，走路期間身體的疲勞感很快就會累積，也會造成關節及肌肉的負擔，因而引起疼痛，所以要隨時注意自己的走路姿勢。首先要確實掌握自己的步行模式有什麼問題，並針對此點努力矯正。只要不是天生在身體結構上有缺陷，走路姿勢大部分都是習慣的問題。幸好習慣是只要努力就可以修正的，只要在走路時隨時注意自己的姿勢，很多情況都是可以矯正的。如果能有人持續在旁邊指導，適時給予意見，也會相當有幫助。萬一你已經努力矯正，走路姿勢卻沒有改善，建議可以去醫院拍攝走路的模樣，進行步態分析，確認肌肉骨骼系統或神經系統是否有問題。

內科專科醫師
李應顯

先生，口水都噴出來了，
好歹遮一下嘴吧

「哈啾，哈啾！」

在人群擁擠的電車中，有一位先生口罩掛在下巴上打了個噴嚏。瞬間，所有人的視線都集中在那位先生身上，那位先生不好意思尷尬地戴上口罩，但是周圍的人卻無法掩飾不舒服的感覺。

如果是要搭大眾交通上班的人，對「通勤地獄」一詞肯定相當感同身受。錯過這班車肯定會遲到，大家為了搭上車，就算得扭曲身體也得硬擠上去。但為何即使好不容易幸運搭上車了，心裡某個角落還是覺得怪怪的、不太舒服呢？就是因為新冠肺炎病毒的緣故。疫情完全改變人們的生活，原本需要接觸的活動大多改成非實體，人與人之間的接觸明顯減少；但是不管多想避免搭乘，大眾交通工具仍舊是許多人每天無法避開的空間。

其實在公車或是電車上很容易與確診者有密切接觸。距離確診者 1～2 公尺以內就算是近距離接觸。空氣循環不好的密閉空間，再加上因冷、暖氣使病毒更容易流動，搭乘大眾交通工具時，只要確診者一咳嗽或一打噴嚏，病毒就會隨著空氣流通傳到我們身上，這是顯而易見的事實。該怎麼做才能避免空氣中的病毒呢？

🩺 冠狀病毒的真面目

　　所謂的冠狀病毒，是屬於 RNA 病毒的一種，會引起人類和動物呼吸器官和消化系統感染的感冒病毒。這幾年動搖全世界的新冠肺炎是由新種（變種）COVID-19 冠狀病毒 SARS-CoV-2 所引起的呼吸道症候群。第一個病例發生在 2019 年 12 月，之後擴散到全世界。新冠肺炎的症狀從單純的發燒、咳嗽，到嚴重肺炎，出現了各式各樣的症狀；而且隨著患者年紀越大，引起的併發症問題也會引起致命的危機。與基本的冠狀病毒差別在於，COVID-19 要來得更具強烈傳染性，且症狀可能快速惡化。現在主要進行的是對症治療，但是抗體治療劑等新藥還在陸續開發中。[2]

2　編注：世界衛生組織（WHO）於 2023 年 5 月 5 日正式宣布解除新冠肺炎「國際關注公共衛生緊急事件」。

口罩，是保護自己與他人最好的方法

　　大家可能多少都有過這樣的經驗，在大眾交通工具上咳嗽或打噴嚏，而遭受周圍人們的注視目光吧。異物進入肺部，或是病毒、細菌、結核菌汙染呼吸道時，我們的身體會以咳嗽來清除異物。如果不是單純咳嗽，而是因為病毒、細菌而咳嗽的話，細菌和病毒就會跟著分泌物一起以飛沫（唾液）的形式擴散。但是令人吃驚的是，這樣的分泌物可以擴散到 5 到 8 公尺遠。在狹窄的空間裡咳嗽的話，飛沫會傳播到所有人身上，萬一沒有戴口罩的人正好患有新冠肺炎，在同一個空間的所有人都會成為密集接觸者。即使咳嗽時用手遮蓋嘴巴，飛沫也會傳播至 3 公尺左右，如果以衣袖取代手遮掩嘴巴時，飛沫幾乎會被遮擋下來，因此如果口罩完全遮掩住口鼻的話，病毒與細菌幾乎不太會擴散。

　　這種細微的唾液分子可以漂浮在空中 10 分鐘以上，所以需要特別注意。根據研究結果顯示，患者曾經停留的房間，空氣中的病毒最長可以存活到兩個小時，即使沒有與患

者直接接觸，也仍有感染的可能性。與透過直接接觸傳播的普通感冒或是流感病毒不同，比起直接接觸，新冠病毒更多情況下是透過飛沫感染。很常見到的傳染方式是唾液飛濺到其他地方，或者沾有唾液的手觸摸到其他物品時，病毒就會生存在被觸碰的部分，如果摸到那地方的人之後又摸了臉，病毒就會從呼吸道或角膜進入人體造成感染。所以，戴口罩不僅只是保護自己遠離危險，也可以避免將病毒傳播給他人的方法。

在過去，我們根本無法想像這樣的生活，但現在戴口罩、使用乾洗手消毒、勤洗手等預防病毒的行動，儼然成為我們的日常。有時候我們會看到有些人雖然戴著口罩，卻露出鼻子，或是把口罩掛在下巴。尤其是在空氣不流通的密閉空間，既不能脫口罩，又有這種不好好戴口罩的人，這種「下巴口罩」絕對是錯誤的佩戴方式，會讓飛沫進入鼻腔，是無法阻擋病毒感染的。同時不要觸摸口罩的表面也很重要，因為雖然口罩阻擋了飛沫，手摸口罩沾到了病毒再去觸碰其他東西後，又再觸碰到自己的呼吸器官，仍會被感染。

戴口罩時一定要遮蓋口鼻並貼緊臉部。在新冠肺炎的時代只有守護自己、守護他人，才能造就一個健康的社會，以正確的方式佩戴口罩，生病時充分隔離並接受檢查，為預防感染而努力。

+++　　　**上班族的健康煩惱，就問問醫生吧**　　　+++

Q 每次咳嗽、流鼻水，不知道自己是否確診，就感到很害怕。新冠肺炎的症狀和一般感冒、流行性感冒有什麼不同呢？

A 雖然咳嗽、流鼻水是新冠肺炎的症狀之一，但是光憑這個症狀就就全說是新冠肺炎。基本上如果有鼻竇炎或過敏等疾病，不是新冠肺炎的可能性更大。但是因為也無法百分之百確定，因此如果出現類似的症狀，去做檢查的話是最清楚的，因為要區分流行性感冒和新冠肺炎是很困難的。

Q 為什麼和許多人一起搭乘擁擠的交通工具而確診的情況，好像比其他情況少呢？

A 雖然大眾交通工具要確實調查流行病是很困難的空間，但是大部分的人都會配戴口罩，也不會交談，人們的移動有所限制，推測因這些理由所以感染的危險較小，確診者也較少出現。

Q 為什麼新冠肺炎會出現變異病毒呢？疫苗對變異病毒有效果嗎？

A 新冠病毒是 RNA 病毒的一種，但是 RNA 相對不穩定，在病毒複製過程中很容易發生核酸序列的變異。而且容易發生變異的病毒，也容易讓疫苗失效，可是現階段除了疫苗以外，沒有其他方法可以有效抑制新冠病毒。雖然效果會因疫苗種累而有所差異，但是效果最好的疫苗有 90% 以上的預防效果，因此對高齡者、慢性病患者而言，接種疫苗才是最好的預防與治療方法。

骨科專科醫師
李始映

設計師、研發人員，
手腕痛的人快看這裡！

　　當你撐過通勤地獄、好不容易抵達公司，打開電腦坐在位置上握住滑鼠的瞬間，卻感到一陣疼痛從手腕傳來。雖然不知道是不是昨晚一直以同樣的姿勢拿著手機，又或是早上身體比較僵硬的關係，你有種不祥的預感，覺得這疼痛可能會一直持續下去，但是也不可能因為這樣就不使用鍵盤、滑鼠、手機啊。這種時候就會苦惱到底是要在疼痛變得更嚴重

前去看醫生，還是休息一下就會比較好。

生活在後疫情零接觸社會的我們，比起過去花更多時間在使用電腦、智慧型手機等電子設備，也因此讓我們的手腕沒有時間可以休息。在公司一整天打電腦、滑滑鼠，下班後睡不著時，拿著手機看看社群媒體、Netflix、網路購物，說這些電子裝置已經成為我們身體的一部分也不為過。科技發展讓各方面生活變得更便利，但也出現了不同於勞動時代的其他疾病，其副作用之一就是手腕的疼痛。有研究統計資料顯示，約有 30% ～ 45% 的上班族表示自己曾有過手腕疼痛的症狀，而且這些人之中，顯示女性的比例更高。

如果有這麼多人有手腕疼痛的困擾，就這樣放任不管也沒關係嗎？引起手腕疼痛的代表疾病包括最常見的腕隧道症候群，發病率約為 2% ～ 5%，以及手腕腱鞘炎，發病率約在 1% 左右。這裡將儘可能用簡單的方式為你說明手腕疼痛是如何發生，如果能理解其中原理，也可以幫助你判斷該如何解決疼痛症狀。

🩺 我也得了腕隧道症候群嗎？

　　如果是上班族，大概多少都曾聽說過腕隧道症候群。這是發生頻率相當頻繁的壓迫神經炎病症，主要發生在工作時經常需要打很多字，或是長時間握滑鼠的的職業族群。尤其女性病患的比例，比男性多兩到三倍，懷孕時發病率也會增加。主要症狀是手腕疼痛，從拇指到中指的部位發麻，感覺遲鈍。嚴重的時候，還會伴隨無力或肌肉萎縮等症狀。但是什麼原因導致腕隧道症候群呢？因為手腕有個像是隧道、稱為「腕隧道」的空間，當過度使用手腕時，位於腕隧道的韌帶發炎，而壓迫從這裡經過的正中神經。

　　如果懷疑自己有腕隧道症候群，可以利用在醫院裡做的手腕壓迫檢查法試著自我診斷。如右圖所示，用自己另一隻手的拇指，或是請別人用兩個拇指用力按壓正中神經經過的手腕部分 30 秒以上，如果出現疼痛或發麻的症狀，就有可能疑似罹患腕隧道症侯群，建議去醫院接受精密檢查。透過超音波、神經傳導檢查等許多方法，方可做出正確的診斷。

✳ 腕隧道症候群自我診斷法

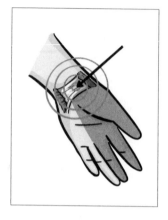

當症狀較輕微，且肌肉並無萎縮時，只要透過休息，或是服用消炎鎮痛藥劑等藥物治療即可。或是週期性在一段時間後讓手腕休息，並做伸展運動，也有助於達到治療及預防的效果。使用鍵盤或滑鼠時也使用護腕墊的話，就不會讓手腕過度凹折，減少腕隧道裡的壓力即可減少症狀。如果症狀仍舊無法減輕，可以到醫院使用護具固定手腕，或進行注射治療，可以更快緩解疼痛症狀。但萬一以上治療都無效，病狀持續十個月以上，造成肌肉萎縮時，就要考慮手術治療了。手術時，為了要拓寬變窄的腕隧道，會把擔任腕隧道屋頂角色的韌帶切開使腕隧道開放，此時就可解除原本被擠壓之正中神經的壓力，症狀也會隨之好轉。幸運的是這個手術在骨科中也是僅需 10 ～ 15 分鐘就能結束的簡單治療，不需要進行全身麻醉，對患者來說也是負擔較輕的方法。

凹折手腕覺得疼痛，可能是腕腱鞘炎

　　大家常說的「媽媽手」醫學名稱為腕腱鞘炎，又稱「狄奎凡氏症」，是以最初發現此病的瑞士醫生名字命名。腕腱鞘炎是過度使用或是不當動作造成通往拇指方向的肌腱和圍繞肌腱的腱鞘發炎，導致手腕與拇指產生痠痛的疾病。因為肌力較弱的人容易出現過度使用或不當動作造成不適，所以女性患者較多，像是工作上常需要使用手腕的人、家庭主婦、孩子的主要照顧者，經常罹患腕腱鞘炎。這裡有簡單可以操作的自我診斷法，用其他四指握著拇指後，手腕往下凹折時，拇指與手腕間若出現疼痛，則有可能罹患腕腱鞘炎。

　　患有腕腱鞘炎時，最好使用固定拇指與手腕的護具會最具效果，另外也會以服用藥物或注射來輔助治療。治療的重點在於限制手腕不要過度出現反覆動作，拿重物時比起用手腕的力量，要儘量使用整隻手臂的力量。如果進行這種保守治療沒有好轉，或是疼痛症狀持續六個月以上，就得透過手術治療鬆解因發炎而變得狹窄的腱鞘。該項手術也像腕隧道

症候群一樣，可以當天出院，屬於較簡單的手術。

✳ 狄奎凡氏症自我診斷法

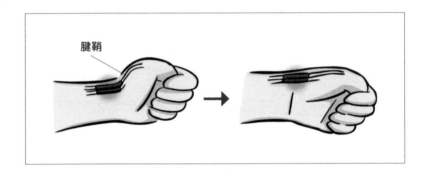

腱鞘

🩺 發生在其他肌肉的腱鞘炎

通常被稱為腕腱鞘炎的狄奎凡氏症，是拇指側（包裹著肌腱的腱鞘）出現問題的疾病。此外，構成手腕的其他腱鞘，也就是當手腕往上彎曲時，使用的肌肉（尺側伸腕肌），或是彎曲時使用的肌肉（尺側屈腕肌）也會發炎。當過度使用手腕，或是不當動作導致該部位發炎的情況，則稱

為尺側伸腕肌腱炎或尺側屈腕肌腱炎。但是這些疾病不是單純過度使用所引起的，因此需要考慮是否為手腕骨頭結構上的變異，或鈣化等多種原因進行鑑別。另外，如果覺得某處的肌腱疼痛，也要同時觀察手腕軟骨等類似的其他疾病的可能性，因此較難進行簡單的自我診斷。所以當手腕彎曲或是伸直時出現疼痛，到醫院接受診斷治療是相當重要的。該疾病大部分也是使用限制使用手腕動作的護具，或消炎止痛藥進行治療。

目前為止已經介紹了幾個會引起手腕疼痛的代表性疾病了，其實手腕疼痛的原因非常多元，即使是骨科醫師，在診療時也需要從諸多層面考量才能做出診斷。因此在此必須清楚告知各位讀者：即使可以簡單進行自我診斷，但如果未接受專科醫師的診斷，全都靠自己判斷仍有侷限。不過，對於在繁忙日常中無法前往醫院接受診斷的人來說，這些自我診斷法依然有幫助，還請別以忙碌為藉口，放任自己手腕疼痛不管了。

AM
PM
00:08

上班族的上午

從工作、人、環境
守護自己的方法

內科專科醫師
李應顯

得來杯咖啡
才能醒腦

「我不喝咖啡的話，就沒辦法工作。」

昨晚滑手機滑到很晚才睡，今天上班看著螢幕才沒多久就已經哈欠連連了。要處理的事情堆積如山，身體遲鈍又倦意襲湧而上，實在很難正常發揮好好工作。此時最迫切渴望的就是咖啡了，喝下一杯咖啡，咖啡因在體內開始循環，你這才打起了精神，清醒過來。

對上班族來說，咖啡不只是單純的飲料而已，雖然的確有人是因為喜歡咖啡的味道，享受咖啡的香氣，但是大部分的上班族都是為了擊退瞌睡蟲而喝咖啡。雖然大家都知道喝咖啡會打敗睡意，但是很多人不清楚這是什麼原理造成的？對健康有什麼影響？有的人說喝咖啡有益身體健康，但又有人說咖啡對身體不好，究竟什麼才是正確的呢？

咖啡對健康有益 vs 有害

咖啡中含有蛋白質、碳水化合物、脂肪、多酚等有機酸、咖啡因等各種成分，具有豐富的味道，在這裡值得關注的主要成分是咖啡因和多酚。咖啡因是一種植物鹼，可以阻斷有助睡眠的腺苷酸作用，刺激大腦保持清醒，換句話說，咖啡因是讓中樞神經作用的「刺激劑」。因為這刺激劑，使我們在喝了咖啡不久心臟就會加速跳動，覺得有清醒的感覺。由於咖啡裡含有的咖啡因吸收速度非常快，喝咖啡後只要過了 45 分鐘，大部分的咖啡因就會被身體吸收，被吸收

的咖啡因透過血管在我們體內四處循環，刺激著神經、心臟、呼吸器官等各式各樣的組織，例如有利尿作用，排出身體水分，或者使腸道活動更活躍、增加壓力荷爾蒙的分泌等，小小的一杯咖啡就會造成我們身體如此多的反應。

那麼，咖啡會對我們體造成不好的影響嗎？其實咖啡對健康是一體兩面，有利也有弊。適量飲用有助於腦血管和心臟血液循環順暢。由於咖啡具有這些效果，因此可以減少頭痛，降低四分之一的心臟疾病發生率，也有研究顯示咖啡可以降低部分癌症的發生率。根據該研究，令人驚訝的是每天喝兩杯咖啡的人罹患肝癌的比例減少了一半（這點不是因為咖啡，而是咖啡中含有的多酚的影響效果）。除此之外，咖啡也有助於心情轉換，預防憂鬱症，運動後幫助身體恢復的作用，同時也可減少罹患阿茲海默症或帕金森氏症的風險。

但是咖啡不一定對身體健康是有益的，疲憊想睡的日子，不小心飲用了過量咖啡的話，就有可能會造成心悸，嚴重時還會引發失眠。成長期的孩子們如果飲用太多咖啡，無法好好睡覺，也可能會造成身體發育的問題，也可以能引發口臭、牙齒染色等，這都是咖啡的缺點。因為咖啡裡的單寧酸成分會使牙齒變黃，因此要特別注意。

咖啡就是像這樣一體兩面，有優點也有缺點的飲料，不宜過量飲用。對咖啡因敏感的人在飲用咖啡時要特別注意，平時要多注意自己的身體，如果你對咖啡因比較敏感，要養成喝飲料時確認飲料中咖啡因含量的習慣。

咖啡因，聰明利用的方法

攝取咖啡因的方法千百種，除了咖啡以外，還有能量飲料、含有咖啡因的牛奶、咖啡因錠等各種種類的咖啡因產品。攝取適量咖啡因確實有其效用，但如果攝取過量，會出現頭痛、心悸、失眠、焦躁等副作用，如果攝取致死的劑

量，甚至可能導致死亡，因此適量攝取咖啡因是相當重要的。

如果太常飲用咖啡，就要懷疑是否為咖啡因中毒。一般咖啡因在身體裡發揮效用的時間不到五個小時，所以如果想要保持持續性的清醒效果，就要持續飲用咖啡。如果在過程中逐漸依賴咖啡因，就可能發展為咖啡因中毒。咖啡因中毒的症狀有頭痛、心悸、噁心、煩躁、不安、憂鬱等，如果有這些症狀時，建議停止飲用咖啡。

另一方面，好好利用咖啡因的話，對減重也有幫助。很多人相信咖啡會分解脂肪的說法，但是有助減輕重量的不是咖啡，而是咖啡因。咖啡因會促進身體的新陳代謝，促使能量消耗，即使攝取同樣的卡路里，因為咖啡因有著更快燃燒卡路里的催化劑作用，因此飲用咖啡對減重是有效果的。另外作為參考，如果想讓咖啡的清醒效果達到最大化，可以拉長咖啡沖煮時間，例如與咖啡和水瞬間接觸沖煮的濃縮咖啡相比，長時間滴漏式咖啡雖然味道比較淡，但是咖啡因含量反而比較高。

但是減重效果只僅限於喝黑咖啡，如果在咖啡中添加砂糖、牛奶、糖漿、奶油等其他添加物，反而會適得其反，所以需要注意一下。另外如果因為咖啡而導致失眠，或是睡眠模式變得不穩定，可能會造成食慾大增、飲食習慣改變，對減重造成負面的影響。因此與其說咖啡本身對減重有效果，會更推薦規律的時間吃適量食物的飲食療法，以及規律的運動。

有人說現代社會中，使用最多的原料排名第一是石油，緊追在後的就是咖啡原豆了，由此可知對現代人而言，不管喝咖啡是為了提升每天的工作效率，又或是只是單純享受其口感香氣，咖啡都是不可或缺的存在。每天都會喝進身體的飲料咖啡，正確認識與不了解就喝下肚之間有很大的差異，就像挑選衣服時，要選擇適合自己的衣服一樣，請好好瞭解咖啡是否也適合我們的身體，以最適合自己的方式享用與利用咖啡吧。

我今天也到
廁所報到了

「肚子又有點痛痛的。」

今天 A 在上午的會議負責發表簡報，雖然準備得很完美，但不知道是不是因為發表前太緊張，覺得肚子一陣痛，結果在會議時間沒剩多久的情況下，不得不奔向廁所。A 從以前到現在只要一有壓力或覺得緊張，就會覺得腹痛如絞。學生時期在考試前或是收到成績單之前，總是會肚子痛，在

大學聯考時肚子痛的程度更是嚴重。大學時期的小組發表時也是因為肚子痛，在發表前得上廁所。剛開始因為壓力而產生的腹痛，後來因為不知道什麼時候症狀又會再度發生的不安感與壓力，造成腹痛變得更加嚴重，陷入嚴重的惡性循環。

Ａ為了解決每天深陷腹痛、腹瀉、便秘等症狀的困擾，前往醫院做了血液檢查、糞便檢查、大腸內視鏡檢查等，但卻找不出特別的原因，即使服用處方藥物也不見好轉。鬱悶的Ａ去其他醫院，在那裡得到了出乎意料的診斷。

「懷疑可能是腸躁症喔。」

原來長久以來困擾Ａ多年的腹痛原因是「腸躁症」啊。全名為「大腸激躁症候群」的這個疾病，在韓國每一百人就有二到四人罹患，是非常常見的疾病，女性比男性多上兩倍左右，好發於二十～四十歲之間。腸躁症是一種沒有特別原因，身體卻會出現數種症狀的症候群，雖然對健康不會造成太大問題，但會對日常生活帶來很大的不便，降低生活品質。究竟造成這「腸麻煩」的原因是什麼？又該如何才能解

決呢？

我也得了大腸激躁症嗎？

　　大腸激躁症最主要的症狀就是腹痛，腹痛伴隨著腹部不適感、不規律的排便習慣、腹漲、頻繁放屁、腹瀉、便秘等多種症狀。腸躁症大致可分為腹痛型、便秘型、腹瀉型，以及腹瀉與便秘症狀交替出現的綜合型。

　　大腸激躁症的原因直至今日都尚未查明，患有大腸激躁症的病患比起其他人對腹脹的反應更加敏感。最近美國發表的一篇研究論文中解釋說明，因為大腸的神經細胞被細菌感染破換而無法正常發揮其作用時，就會發生大腸激躁症。也就是說，這是因為壓力、其他心理因素和綜合問題破壞了大腸的神經細胞，所產生的疾病。

　　並不是說經常肚子痛就一定是大腸激躁症，相關症狀持續六個月以上，最近三個月內符合下列條件的人才會被診斷為大腸激躁症。

- 腹痛及腹部不適感。

- 無法確認上述症狀的原因。

- 符合下列項目兩項以上：

  ① 隨著排便症狀減輕

  ② 排便次數變化

  ③ 腹瀉或便秘等排便狀態（硬度）變化

通常診斷時為了確認是否有其他因素引起相同症狀，會同時進行血液檢查、糞便檢查、大腸內視鏡檢查。如果五十歲以上的患者原本沒有卻突然出現這些症狀的話，比起大腸激躁症，更該懷疑是其他疾病，因為過了五十歲罹患大腸癌的危險性就會大增，即使是年輕人也一樣，有腸炎症狀的疾病很可能會被誤認為大腸激躁症，因此如果有這些症狀時，一定要同時進行大腸內視鏡檢查。

🩺 從生活習慣到心理治療，各式各樣的解決方法

　　大腸激躁症的治療核心在於緩解壓力及降低心理上的不安，首先患者本身要認知這個疾病對健康並不會造成太大的危險。另外，要完全沒有壓力是很困難的，所以必須尋找可以紓解壓力的方法，尋找適合自己的運動也是方法之一，走路或是輕鬆的慢跑都有助於腸道健康蠕動，因此對大腸激躁症患者很不錯。控制飲食也是非常重要的，應該避免與自己腸胃不適的飲食，最好也避免脂肪含量高的五花肉、咖啡因、酒、甜味劑、碳酸飲料。充滿豐富纖維質的蔬菜或水果，也可以促進腸道蠕動，所以要儘量多攝取，像是蘿蔔、白菜、蕃茄、橘子、草莓等蔬果都有所幫助。而乳製品最好儘量選用低脂肪產品，吃肉時也一定要與蔬菜一起食用。

　　如果矯正生活習慣也無法緩解大腸激躁症症狀，就要以處方藥加以治療。血清張力素回收抑制劑（SSRI）系統的藥物可以對腸道神經發揮作用，不僅可以降低腸道運動的敏感度，還可以舒緩心情。另外搭配的藥物可以是益生菌、鎮定

劑、腹瀉藥或便秘藥。

　　如果透過生活習慣及藥物治療都無法改善時，建議可以試著同時接受身心科治療。雖然很多患者會忽略心理因素，但如果試著記錄自己什麼時候會出現大腸激躁症，掌握症狀和壓力之間的關聯性，在同樣的問題狀況下也能更靈活應對。如果因隱藏的心理問題造成治療無法絕對發揮效果，就要接受專業的心理治療。心理治療包含心理動力治療、認知行為治療、催眠治療、人際關係心理治療等，這些治療法對部分大腸激躁症患者會出現效果。如果長久以來受到腸道問題而苦惱的話，就不要猶豫了，趕快到醫院接受適當的治療吧。只有多關心自己的身體，尋找原因及解決方法，這樣才能提升我們的生活品質。

Q 一直在辦公室久坐，總覺得肚子脹脹的，想知道脹氣的原因和解決方法。

A 人的腸道會自己蠕動，使得腸道中的廢棄物及糞便移動，如果不是因為生病，身體沒有運動，腸道蠕動也會自然降低，所以要經常做伸展運動，有時間就多活動身體。另外，如果平常有便秘症狀的話，症狀有可能會變得更加嚴重，因此請攝取充分的蔬菜與纖維質。

Q 沒有每天去上大號的話是便秘嗎？

A 排便活動的次數會因人而異，從一天三次到一週三次不等。便秘是指排便次數少、少量且排出較硬糞便的情況、腸道有殘便感、排便時需要過度用力等情況，這些情況在整體排便情況的四分之一，或是持續三個月以上時，在醫學上定義為便秘。所以不能說沒有每天上大號就是便秘，但是如果這些問題持續三個月以上的話，最好還是去醫院接受檢查。

皮膚科專科醫師
金台翰

日光燈的燈光
真的會曬黑皮膚？

　　Ａ在看了紫外線（ＵＶ）是引起皮膚老化問題主要原因的報導後，每天早上一定會擦防曬乳。有時候一整天都在辦公室裡度過，不知道是不是一定得要擦防曬乳，但是聽說日光燈的燈光也會讓皮膚曬黑，所以還是仔細擦了防曬後才出門上班。日光燈的燈光真的會曬黑皮膚嗎？讓我們來了解一下上班族的正確防曬方法吧。

🩺 在室內也要擦防曬乳嗎？

其實日光燈裡並不會有對皮膚產生影響的紫外線，再加上幾年前開始，日光燈時代已經結束，出現了大量使用 LED 燈的趨勢，而且 LED 燈的紫外線幾乎可以忽略，也就是說，不用太在意會從照明中產生紫外線。那麼我們在辦公室裡就不需要阻斷紫外線嗎？答案是每間辦公室的環境都不一樣。如果是在有裝設抗 UV 玻璃的辦公室，就不是非得擦防曬乳不可。抗 UV 玻璃一般可以阻擋 99% 以上的紫外線，比一般防曬乳還更能強力阻斷紫外線，但是普通玻璃只能阻斷約 80% 的紫外線，因此在這樣的環境下工作時，還是要擦防曬乳才行。如果是靠窗的位置，更需要仔細塗抹。

坐辦公室的一般上班族，只有在上下班時間或中午時間才能曬到太陽。在陽光普照的室外時間不到一個小時，但在辦公室至少會待上八小時，因此正確了解一整天工作的辦公室環境，正確地阻斷紫外線是很重要的。不要因為工作是在室內而掉以輕心，不知不覺中皮膚受到紫外線照射而變黑、

長斑，甚至可能正在快速變老呢！陽光照射下明亮溫暖的辦公室雖然對精神健康有積極正面的影響，但也可能讓皮膚在不知不覺中暴露在紫外線下，因此不能因為是在室內就疏忽防曬。

選擇適合自己的防曬產品

市面上有著各式各樣阻絕紫外線的抗 UV 防曬乳，其中該選哪個才好呢？如果按照質地來劃分的話，最具代表性且塗抹方便的產品就是防曬霜及防曬乳，還有質地較稀且清爽的防曬凝膠，因為防曬凝膠比較不會阻塞毛孔，如果擦防曬霜會長痘痘的人建議可以擦防曬凝膠。防曬噴霧的優點則是可以方便大範圍使用，化妝後再塗抹也可以。防曬條霜（防曬棒）在使用時，用來塗抹鼻子周圍等彎曲處的話多少會有些不便，但是與其他質地相比，可以一次塗抹充分的量。如果沒有塗抹充分劑量的防曬乳，防曬效果就會降低，相比之下防曬條霜還是比較容易充分塗抹，因此如果長時間要在室

外活動，選擇防曬條霜會比較好。但是如果沒有仔細塗抹，出現縫隙沒塗抹到，可能會造成該部位曬黑或曬傷，所以一定要特別注意。

　　觀察防曬乳的成分，大致可以分成兩種：物理性阻斷紫外線的無機防曬成分（物理性防曬），以及以化學性阻斷紫外線的有機防曬成分（化學性防曬）。市面上的防曬乳大部分都是混合了兩種防曬成分，使性能與塗抹觸感更好，減少泛白現象。有時候有人會說擦防曬乳會燻眼不舒服，這是因為防曬乳裡含有「甲氧基肉桂酸辛酯」、「二苯酮-3」、「阿伏苯宗」等容易引起刺激的成分。如果很容易感到燻眼的人，可以選擇不含這些成分的物理防曬乳。物理防曬乳通常會另外標示物理防曬成分，並以此為廣告推銷，因此很容易就可以在市面上找到，但是這些產品在塗抹時可能會有些悶悶的，而且還可能出現泛白現象。

🩺 SPF 與 PA，好好了解後再使用吧！

在防曬乳上標示的 SPF 與 PA 數值也一定要確認，大家都知道這數值越高就能阻斷更多的紫外線，但是可能不太清楚具體意義。首先先讓我們看看 UVA（紫外線 A）和 UVB（紫外線 B）的概念吧。UVA 是波長較長的紫外線，會滲透到皮膚深處，引起老化及色素沉澱。UVB 是比 UVA 的波長短的紫外線，雖然不會滲透到皮膚的深度，但是會引發皮膚表面的曬傷與發炎症狀。防曬乳具有阻斷這兩種紫外線的功能，而表示防曬程度的數值就是 PA 和 SPF。

PA（Protection grade of UVA）是阻斷 UVA 的指數，加號越多，阻斷效果越好。如果皮膚長時間暴露在 UVA 下，就會出現黑色素沉澱，如果塗抹 PA+ 產品，延緩色素沉澱的時間會比沒塗抹時長約 2 ～ 4 倍，PA++ 的產品是 4 ～ 8 倍，PA+++ 的產品是 8 ～ 16 倍，PA++++ 的產品是在 16 倍以上的時間內保護肌膚、防止色素沉澱，每增加一個 + 號，承受的時間就可以延長兩倍。

SPF（Sun Protection Factor）是阻斷 UVB 的指數，長時間曝曬在 UVB 下會造成皮膚變紅，根據延緩皮膚變紅的時間，指數也會不一樣。例如，如果塗抹 SPF5 的產品，比起什麼都沒塗的皮膚，要到皮膚變紅需要 5 倍的時間，我們經常使用的 SPF50 產品，就表示阻斷時間增長了 50 倍。但是考慮到防曬乳會被汗水或水之類逐漸洗掉，實際持續的時間並不長，因此室外體育活動時，必須持續補擦防曬乳。那麼一定得使用阻斷係數高的產品嗎？事實並非如此，室外活動的情況，使用 SPF 50、PA+++ 以上的產品，在幾乎看不到陽光的室內活動，使用 SPF 10 ～ 30、PA+ 的產品也不會有什麼問題的。如果上下班走在路上時會曬到太陽的話，請選用 SPF 30 以上、PA++ 以上的產品。

防曬乳，只有擦好擦滿才有效果？

如果已經買好了選擇符合自己生活模式的防曬乳，那麼現在就讓我們來看看最有效果的塗抹方法吧。雖然大家通常

說要在外出前 20 到 30 分鐘塗抹防曬乳，但是這句話並沒有明確的證據，這大概是因為測試防曬乳時，在塗抹 30 分鐘後測試其性能所造成的誤會。大致上防曬乳在沒被皮膚吸收的狀態下已能充分發揮作用，尤其是物理性無機防曬成分的防曬乳，不需要等到被皮膚角質層吸收。當然，如果在擦完防曬乳後流很多汗，防曬乳可能會被沖洗掉，所以塗抹防曬乳後，儘可能不要做會流很多汗的活動，或是用手或毛巾擦拭塗抹防曬乳的部位。如果要進行室外運動的話，每隔兩個小時最好要補擦防曬乳，如果沒有的話，在陽光增強的中午時補擦一次就很足夠了。

塗抹的量也是非常重要的，有的人擠了如小指甲大小的量塗抹全臉，這種情況下防曬乳的效果會下降。防曬乳上標記的 SPF 和 PA 只有在塗抹適當的量時才會發揮其性能。一般情況下，擠壓防曬乳從指尖開始，約兩節指節以直線擠出，就能達到塗抹全臉的量了。簡單來說，約擠出五百元硬幣[1]大

1　譯註：約台幣十元硬幣大小。

小的量就是適當的量。雖然這樣的量可能會讓你感到很驚訝，但是如果不這樣塗的話，防曬乳性能可是會呈幾何倍數下降。塗抹適當量的二分之一情況，效果會掉到只剩四分之一。如果是陽光熾烈的日子，或是得長時間待在室外的話，一定要塗抹適當的量，如果沒把握的話，用防曬條霜塗擦也是很不錯。

最近像 BB 霜、粉底液等彩妝品也具防曬功能，很多人會以為使用這些產品就能一併解決防曬問題，所以就不太塗抹防曬乳了。但是彩妝品通常都會塗抹得較薄，很難塗抹到充分的量；即使塗得較厚，彩妝中含有的防曬功能本來就會比防曬乳差，再加上量也不夠，幾乎和沒擦沒什麼兩樣。

防曬乳是效果最好的抗老化劑，讓自己不需要接受昂貴的雷射手術，好好保護皮膚吧。塗抹防曬乳的一個小習慣，就可以防止臉部皺紋、抑制斑駁的斑點、預防紫外線引起的皮膚炎。如果想要長時間維持年輕又乾淨的肌膚，擦防曬乳不是選擇，而是必要。如果一輩子只能選用一個保養品的話，身為皮膚科醫生的我，絕對毫不猶豫選擇最重要的防曬乳。

身心科專科醫師
李宜爽

從上午會議就大小聲的 B 次長，
以及我們該以什麼態度面對他

「工作不會好好做嗎？公司是讓你開玩笑的嗎？」

一早又開始發作了，B 次長的聲音漸漸大了起來，聽著聽著也怒火中燒，甚至希望髮際線已經有些後退的 B 次長，頭髮再多掉一些就好，許下有些殘忍（？）的願望。明明已經盡全力做事，真不知道為什麼 B 次長只要一看到我，就會在安靜的公司裡大吼大叫？剛開始因為周圍人的視線，總覺

得丟臉至極，但是同樣的事情一再重複，讓自己懷疑問題不是出在 B 次長，而是在於自己能力不足，導致自己自信感下降，甚至貶低自己。如果有機會可以轉調別的部門，盡快轉調也是個方法，但現實中並不容易擁有這種機會。在被公司人際關係破壞了心理健康的情況下，要如何才能守護自己的心，安然度過公司生活呢？

每個人都有想要放棄一切的瞬間

人氣網路漫畫改編的韓劇〈未生〉主角「張克萊」在公司是所謂的「空降部隊」，在周圍所有人怒視下工作，但透過透有的努力克服困難。如果我們也能像張克萊一樣克服困境就好了，可惜每個人面對的困難都不一樣，可以承受壓力的程度也不同。

職場生活中面臨的壓力不是件容易的事情，剛開始只是有些失眠或是感到些微疲勞的程度，但是當壓力漸漸變大，彷彿腦中起了濃霧，平時輕而易舉的事情也會做不好。如此

一來，就會反覆造成失誤，工作難免不順。像這樣一天到晚反覆失誤，工作自然也沒辦法順利上手。即使自己狀態不好，又有其他大量的工作湧入時，難免會有「我有必要做到這種地步嗎？實在撐不下去了」的想法，甚至再也無法承擔任何工作崩潰的邊緣，有時候還會出現喘不過氣、頭暈，嚴重時還可能會昏倒的情況。

其實醫師們也都有過這樣的經驗，結束六年醫學院的苦讀，在國家資格考試合格之後，很多人都是充滿自信的狀態開始實習生活，但是直接親身體驗時，會因現實與想像不同而感到無比挫折，我甚至只實習一個月就想要辭職。實習時，每個月都會變動行程表，輪流在各科工作，一開始被分配到胸腔內科，當時是二十多歲的菜鳥醫師，連最容易做的檢查都顯得生疏笨拙，吃了不少苦頭。

雖然下定決心要努力克服、努力認真工作，但是工作強度卻漸漸增加，身心都已經精疲力竭，一整天就連一餐都沒辦法好好吃。只要一接到電話，又得要飛奔過去，按照住院醫師下的指示，汗流浹背幫病患做檢查。有一天已經有一位

前輩交代我要趕快做檢查，但卻又接到另一位前輩要我緊急準備會議的電話。偏偏那天忙到連吃飯時間都沒有，只好先在自動販賣機買了一罐甜米釀填肚子，再加上前一天半夜因為緊急幫病人做 CPR 的關係連覺都沒睡，為了要讓自己打起精神處理這些蜂擁而來的工作，跑到廁所裡洗臉時，聽到肚子一陣咕嚕咕嚕聲的同時，鼻血流了下來。當時我不想被發現自己疲勞的狀態，按壓著鼻子止血，立刻又去準備會議。但是本來就忙到暈頭轉向，手忙腳亂之中忘記前輩萬般囑咐要準備的雷射簡報筆，最後還被前輩唸了一頓。這時，這段期間一直強忍下的痛苦完全爆發，腦中閃過乾脆辭職的念頭。

雖然表現出來的樣子有所不同，但是每個人一定都曾覺得職場生活很辛苦，並因此感到痛苦。當我們處在很辛苦的情況下，很難一直保持樂觀與正面積極，腦海中會有各式各樣的擔憂揮之不去。因此為了維持正面情緒狀態，是需要付出努力的。如果因為工作或人際關係感到痛苦而惶惶不安，卻還得要帶著開朗的表情上班工作的話，這就是不斷燃燒精

晚上也睡不著。可是也不能因為時間就是良藥，而無條件一直等到情緒好轉為止，在這樣的情況下，與其為了擺脫負面情緒的泥沼而掙扎，不如集中精神在現在這一瞬間。下班後和心愛的人一起吃好吃的東西、聊聊天、聽聽自己喜歡的音樂或看電影，讓自己沉醉在興趣中。回到家後，與其反覆咀嚼在公司裡發生的事情而感到痛苦，不如想想「不管怎樣，至少我那件事做得不錯」、「我和其他同事相處得還不錯」，將思考集中到其他事情上會比較好。

另外請記住，不管是公司的事，還是與某個人的不愉快與爭執，這些都不是你人生的全部。人生的道路不只一條，好比說去爬爬家附近的後山時，登山的路也分成好幾條，每條道路都有各自的風景與值得一看的景致。去公司上班也是我走的道路中的其中一條岔路罷了，而且走這條路的目的也是由我所決定的。如果有「我是為了在未來有更好的發展，而投資自己的人生」、「為了總是看著我的可靠另一半與可愛孩子們而工作」等明確目標，走在路上就會少一分辛苦。而且即使有時候踏上別條路，心情也比較不會那麼焦躁不

安。對自己的想法與感受被稱為「自我概念」，在各方面擁有健康的自我概念時，就比較不容易崩潰。像這樣從興趣或公司以外的人際關係等各種生活因素中獲得安慰與力量，累積正面積極的經驗，就能從情緒勞動傷口之中漸漸恢復。

既能守護我的心，又能守護公司生活的應對反派法

大家總說不管是哪個團體裡，一定都會有一個奇怪的人，像是總把「我們那個時候啊」掛在嘴邊說教，所謂「老古板」的人，他們總是不考慮他人的情況與立場，只將自己狹隘的經驗與想法視為真理。另外也有沉醉於權威、內心扭曲的人，完全不在乎他人情緒、反社會人格的人，或是覺得只有自己最優秀的自戀的人。當面對有這些傾向的上司時，眼前就會變得一片黯淡無光。到底這種反派是從哪裡不斷地跑出來呢？

即使如此，也不能毫無計劃任意地辭職，所以我們必

須學習在職場裡照顧自己的心，學習如何機智地度過這個難關。首先我們要做的是，觀察並掌握讓我痛苦的那個人，在什麼情況下情緒會變差、會大發脾氣之後，儘可能避免那樣的情況。例如，對說話方式很敏感的人，在報告時就要儘量委婉地表達，如同戴爾・卡內基（Dale Carnegie）所寫的《卡內基溝通與人際關係》中所提，如果反過來認同並稱讚折磨我的那個人，那個人可能也會對我少說一些殘忍狠毒的話。如果公司裡有性格有問題的人，就該要周密地觀察掌握來應對這個人，這才是明智的選擇。

第二個方法是，儘量努力對那些讓我感到痛苦的話或情況變得麻木。雖然讓我痛苦的是他人，但對此有所反應並受到傷害的是我自己。如果認為對方其實沒什麼大不了的，對於將情況與自己的情緒分離則出乎意料地有效。最重要的是，深入思考自己原本是什麼樣的人，對自己要有堅定的信任與信念。儘管如此，如果一直以來的痛苦仍持續折磨自己，很難從負面情緒的泥沼中擺脫出來的話，就該一步一步開始計劃，尋求跳槽的方法。在上一個世代裡，能一直在同

一個職場做到退休，既是一件美德也是有能力的表現，但是現今社會跟過去相比，離職已經變得稀鬆平常。平日有規劃地自我開發、累積自己的實力再離職，也能提升獲得更好工作條件的機會，或是被公司視為不能錯過的人才，採取更積極的處置措施。

如果壓力情況持續反覆發生，很難以自己的力量從憂鬱等負面情緒中走出的話，建議可以尋求專家的幫助。即使經歷相同的事件，有些人可以淡然接受，有些人卻遭受深深傷害，為了正確了解這件事對這個人有什麼樣的意義，必須要了解這個人過往的人生。第一次進行心理諮商時，可以透過諮商回顧整體的人生故事，回想自己留下了什麼樣的傷口。然後隨著諮商的進行，漸漸將焦點放在「現在」、「這裡」，讓自己能夠適應現實狀況。如果你覺得自己的痛苦已經超過自己能夠承擔的程度，希望你不要害怕去尋求心理諮商或到身心科接受治療，你絕對不是獨自一人。

AM
PM 08:80

上班族的午餐時間

除了我自己，
還有誰會為我著想？

復健科專科醫師
李宜昌

上班也能兼顧的
健康減重法

「我真是捐款小天使呢，健身房的捐款小天使。」

　　如果要說新年新希望，最常聽到的不就是減重嗎？在新的一年開始時訂定了完美的減重計劃，但卻三天捕魚、兩天曬網，只有三分鐘熱度，應該很多人都有這種經驗吧。我們都知道要減重就要運動，但卻總是以忙碌為由，幫自己找了許多藉口。當然，我們難免有因為工作忙碌而筋疲力盡，沒

有任何力氣去運動的日子，但是摸著良心想想吧，你難道不曾因為不想運動，而說出「今天太累了」或是「一天沒去應該也沒關係吧」這種理由嗎？

　　我們為什麼會這麼討厭運動呢？運動也要覺得有趣才能堅持下去，但問題在於運動不有趣啊。慢跑、重量訓練、皮拉提斯、瑜珈、游泳、拳擊等各式各樣的運動，在廣告時都會宣稱對減重有效果。運動當然有助減重，但這裡想說的重點是「即使在上班途中，也能健康調節體重的方法」。很多人只要一覺得必須運動，就會不加思索地先去健身房報名。一開始還能下定決心努力嘗試，但接下來就會因為各種理由開始缺席一次、兩次，最後失去運動的慾望，乾脆放棄運動。然後用「我果然不適合運動」的說法把自己的行為合理化。該如何才能健康地減重，就讓我們從運動到飲食習慣仔細了解一下吧。

🩺 一天 30 分鐘，一週五天走路運動

燃燒脂肪的有氧運動對減重最有效果，這是眾所皆知的事實，但要做什麼樣的有氧運動、做到什麼程度，才能看到效果呢？雖然有氧運動的種類很多，但對於難以額外抽出時間運動的上班族而言，最好的運動就是「走路」。一定會有人驚訝地問道：走路也算運動嗎？但是在了解走路之後，就會知道走路是一項優點很多的運動。

首先，走路是任何人都可以持續且容易做到的運動。如果是對慢跑不熟悉的人，要連續跑 30 分鐘都很困難，但是要走 30 分鐘以上並不困難。做有氧運動時，前 20 分鐘主要是消耗醣類，之後才會開始消耗脂肪，因此有氧運動如果想要達到燃燒脂肪的效果，至少要持續 20 分鐘以上才行。對運動新手來說沒，要做既沒有負擔，又能輕鬆達到 20 分鐘以上的有氧運動，走路就是最佳選項。

雖然如果只從數值來看，可能會認為走路可以消耗的卡路里很少，對於減重幾乎沒有什麼效果；但是如果養成固定

走路的習慣，對減重有滿大的幫助。比起在 20 分鐘內做的激烈有氧運動，以適當速度走路 1 小時會更有效果。除此之外，和慢跑等類似的其他激烈運動相比，走路對膝蓋、腳踝等關節的負擔較小，讓肌肉與韌帶受傷的危險的機會也比較小。走路運動時，建議穿著讓腳不會感到負擔舒適的運動鞋，至少走路 20 ～ 30 分鐘以上。

如同所有運動，做有氧運動也必須有規律地堅持下去。比起一次運動很久，然後休息好幾天，即使運動量較少，能持續下去會更有效果。與其特意撥出時間運動，不如養成在日常生活中找機會與時間走路的習慣吧。長期來看，簡單又能輕鬆做到的運動才更有效率。不過最好不要只有走路，光是走路很難在短時間看到效果，建議搭配其他肌力訓練並進。

根據保健福祉部發行的〈國民身體活動指南〉中建議，成人每週最好做 2 小時 30 分鐘（150 分鐘）以上中強度的有氧運動，一週五天、一天 30 分鐘就能達到這時間的要求。建議高強度的運動則是一週 1 小時 15 分鐘（75 鐘）以

上，所以一週三天、每天 25 分鐘即可。不只是有氧運動，肌力訓練也最好每週做兩天以上。

✳ **為了變得更健康，最少需要的運動量**

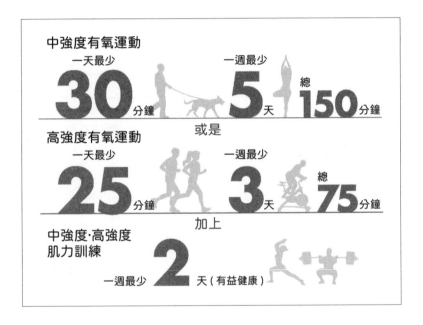

中強度有氧運動
一天最少 **30** 分鐘
一週最少 **5** 天
總 **150** 分鐘

或是

高強度有氧運動
一天最少 **25** 分鐘
一週最少 **3** 天
總 **75** 分鐘

加上

中強度·高強度肌力訓練
一週最少 **2** 天（有益健康）

　　這裡所說的中強度有氧運動，你個人能承擔的最高強度如果是 10 分，就做強度 5 ～ 6 分，使呼吸會稍微加快的運

動，像是快走、騎腳踏車、練習羽毛球、登山（下坡）、練習游泳等運動。高強度運動指得是強度在 7 ～ 8 分左右，會讓心跳加快、呼吸急促的運動，像是登山（上坡）、羽毛球比賽、慢跑、跳繩、溜直排輪、游泳及足球比賽等。

減重的核心是「節食」

雖然透過運動增加卡路里的消耗量是必要的，但是減少攝取卡路里是更重要的。從幾年前開始流行的間歇性斷食、低碳水高蛋白減重法、生酮飲食等許多減重方法，但是比這些更簡單、方便的減重法就是節食。這裡所說的節食不是從以前開始就有過數次研究，極端限制卡路里攝取量的「限制熱量飲食（calorie restriction diet）」，而是一天三餐均衡地攝取營養，將食用的量減少一半或一半以上的方法。如果沒有攝取適當的營養，只是盲目地限制卡路里攝取的話，反而會造成免疫力低下、老化、掉髮、月經失調、便秘等症狀發生，危害我們的健康。

有些上班族會為了減重規劃食譜，但卻反而讓自己壓力很大。親自準備減重便當、不吝支出各種保健食品等等，這些方法雖然好，每次執行卻很麻煩，再加上如果一不留意，就有可能會缺乏特定營養，導致營養不均衡。因此對上班族來說，最輕鬆的減重方法就是平時吃自己想吃的，但減少攝取量的節食。你不妨從今天開始，就將自己的飲食量減半看看。當然。節食絕對沒你想像中簡單，但只要一步步實踐，就能減輕腸胃負擔，身體也會漸漸變得輕盈。即使一開始覺得很困難，只要持續反覆養成習慣，以後就算不刻意節食，也能享受身體那種舒適的狀態，體重自然而然也會跟著減輕。

在減少食量的同時，也要改善飲食習慣，試著放棄吃重口味的習慣，也慢慢減少油膩或甜食。然而，最近很多人會為了減重，食用以人工甜味劑取代砂糖的飲料或飲食。想喝可樂又怕胖時，不喝糖分含量高的碳酸飲料，改喝含糖量0%的替代飲料。這種減重飲料或飲食含有人工甜味劑三氯蔗糖（俗稱蔗糖素），三氯蔗糖是比砂糖甜上六百倍以上的

無熱量甜味劑。但是根據近期發表的研究指出，與含糖飲料相比，飲用含有三氯蔗糖的飲料時，腦部與食慾相關的領域活動會明顯增加。因此，建議你儘量不要攝取添加人工甜味劑的食物。

壓力管理也是重要的因素，壓力與肥胖有很大的關聯，壓力大的時候，就會想吃甜且刺激的食物。雖然適當地享受美食不會造成大問題，但如果習慣靠吃東西來紓壓，造成肥胖的可能性很高。再加上如果變成慢性壓力的話，荷爾蒙分泌會增加食慾，新陳代謝也會變慢，體重也會增加。導致因為壓力太大發胖，然後又因為發胖而陷入壓力的惡性循環，因此一定要找到可以健康紓解壓力的方法。與其一有壓力就吃東西，不如走出戶外散散步、轉換心情，或是專注在自己的興趣和喜好上，也有助於紓解壓力。

如果因為身體或心理因素而導致減重太過困難，也可以到醫療院所看診尋求藥物處方。最常用的藥物是抑制食慾藥物。抑制食慾藥物分成口服藥與注射劑，可以影響引起食慾的大腦中樞，減少食慾並且誘發飽足感。很多人視這些藥劑

為肥胖者的靈丹妙藥，但是事實並非如此。減重藥物的目的並非只是單純減少體重而已，而是要預防並改善肥胖的併發症，而且該藥物並不是只會帶來好處，也可能會出現不安、焦慮、失眠、精神異常、肺動脈高血壓、心臟病、膽結石等副作用，因此依照專科醫師的處方，在規定期間內定時服用才行。

減重藥雖然可以當作幫助減重的輔助療法，但並非根本的解決方法。為了「健康」減重，就必須適當運動、改善飲食習慣，並且注重壓力管理。雖然聽起來太過理所當然，但是我們的身體是非常耿直的，其他偏方左道是行不通的。暫時放下工作太忙沒時間運動的藉口吧，上下班時間只要快走 15 分鐘，就可以做到每天 30 分鐘的走路運動。不要再把「因為工作壓力太大，所以這樣吃東西也沒關係」合理化了，我們需要的不是了不起的減重計劃，而是珍惜與愛護自己身體的小習慣。

身心科專科醫師
李宜眞

奇怪，在公司裡
總是胃脹脹、消化不良

「也沒吃多少，為什麼會覺得消化不良啊？」

「該不會是因為壓力大吧？」

平時總靠著消化整腸藥撐下去的 C 代理，在專案結束之際，覺得消化不良的症狀變得更加嚴重，不管吃什麼都覺得肚子脹脹的。他看了醫生、吃了藥，也照了內視鏡，但醫生總說狀況沒有異常。即使吃了藥後會稍微好一點，但總不能

每當一有壓力就靠吃藥解決。C代理為什麼只要一到公司胃就會不舒服呢？消化不良是活動量少的上班族經常會有的症狀，即使去醫院檢查，消化系統也通常沒什麼問題。但如果這種症狀還是反覆出現，很可能就是「大腸激躁症」或「功能性消化不良」。大腸激躁症在前面已經提過了，這裡就讓我們來了解功能性消化不良吧。

為什麼你會覺得胃脹呢？

所謂的「功能性消化不良」，指的是沒有特別原因，卻持續出現消化不良、腹痛、胃部悶脹、胃痛、腹部脹感等症況的慢性疾病。從「功能性」一詞就可以推測出，這和胃炎或胃潰瘍不同，診斷時找不出明確的原因。由於沒有明確的原因，很多情況下會被放任不管，但這的確是會降低生活品質、非常不便的疾病。功能性消化不良不僅與飲食習慣有關，也與精神壓力有密切的關係。

但為什麼有壓力會造成消化不良呢？我們身體中存在著

維持穩定性的自律神經系統，自律神經系統分成交感神經系統和副交感神經系統，各自負責的作用不同。交感神經系統是在興奮狀態下，激發身體產生能量；相反地，副交感神經系統則是在安全且舒適的狀態下，負責消化與呼吸等節省與儲存能量的工作。兩個神經系統互相交互作用，使我們的身體維持穩定。

試著想像打架或逃跑的情況：頭髮直豎、瞳孔放大、心跳加快，全身肌肉緊繃，隨時都做好要跑出去的準備。此時，交感神經發生作用，讓我們身體的各種血液匯聚到相對應肌肉，通往消化系統的能量便會受到限制。消化系統的運動主要由副交感神經負責支配，當有壓力而生氣、心臟加速跳動的情況下，交感神經起了活躍的作用，因而導致消化不良。

該怎麼解決消化不良呢？

在討論大腸激躁症或功能性消化不良的治療法之前，首先必須確定一些事情。我們必須先透過血液檢查、X 光片、

內視鏡等充分的檢查，確定消化不良是否有其他身體的原因；如果有其他原因的話，則應該優先治療。但如果做了檢查也查不出明確原因，就先從慢慢改善生活習慣開始做起。前面已經說明了精神上的壓力、重口味太鹹、太辣、太油膩的飲食習慣，會使這種疾病惡化，對於刺激性的飲食、酒、咖啡這類會促進胃酸分泌的飲食，也必須有所節制。如果腸胃狀況一直不好，也可以攝取益生菌等保健食品，維持腸胃均衡。不規律的生活也會影響消化系統，確保每天有 7 ～ 8 小時左右適當的睡眠時間，努力維持規律的生活模式。

不只是生活習慣，我們也要做好壓力管理。如果有自己專屬的紓壓方法，那當然最好；如果沒有的話，就嘗試各式各樣的方法，找出適合自己的選項吧。你不妨找個可以陪你宣洩壓抑情緒的朋友，和朋友見面聊聊天，或是做點輕鬆的運動或冥想。我們一整天把所有精力都放在工作上，不知不覺中承受很多壓力，即使只有短暫的時間，也該給一整天處於緊繃狀態的大腦完全休息的時間。

如果靠自己力量要改變生活習慣很困難，就請專家幫忙

吧。你可以尋求諮商協助，傾訴宣洩自己累積在內心深處的苦惱與情緒，並且學習如何管理壓力，有助於緩解這樣的症狀。你也可以在醫師處方下短期服用安眠藥和安定神經的藥物，調整睡眠模式或是降低嚴重的不安。也有一些研究結果顯示，抗憂鬱藥物的治療，對於功能性消化不良有一定程度的幫助。因此如果你的消化系統沒有問題，卻因為壓力而導致消化不良的症狀加劇，千萬不要刻意忽視痛苦，放任症狀不管，請用適當的方法好好照顧身體吧。

✦✦✦　上班族的健康煩惱，就問問醫生吧　✦✦✦

Q 平常很容易消化不良，都會買消化整腸藥服用，像這樣一直服用消化整腸藥也沒關係嗎？

A 消化整腸藥的種類根據成分分成制酸劑、消化酵素劑、增加胃腸蠕動劑等多種藥劑。根據症狀不同，需要服用的消化整腸藥也會有所不同，而且太常服用消化整腸藥時可能會產生副作用，所以長時間服用的話要特別注意。例如，制酸劑是因胃酸過多而出現胃痛症狀時服用的藥物，但是含有鋁或鎂的成分，便秘或腹瀉患

者要小心服用。另外，慢性腎衰竭患者在服用時，反而會出現延遲消化的症狀。另外，消化酵素劑或增加胃腸蠕動劑要各自在飯後、飯前服用服用才會更有幫助。建議仔細了解各種消化整腸藥的功效、副作用及服用方法，與醫生或藥師充分商議後再服用。

Q 加班後回到家，要吃飯時間已經很晚了，因為太累吃完飯就想要直接躺下。究竟吃完飯後要等多久才能躺下會比較好呢？

A 我們的身體要消化食物最少需要四個小時，在吃飯後立刻躺下的話，食物會原封不動留在胃裡，因為無法好好消化食物，可能會導致消化不良或逆流性食道炎，這也會成為妨礙睡眠的因素之一。當然吃了東西後會啟動副交感神經作用而感到困倦，但是考慮到健康，建議在晚餐飯後至少三、四小時後再睡覺，或是也可以考慮用洗個熱水澡等方式來度過這段時間。

身心科專科醫師
李宜爽

現在還是
「飯後一根菸」嗎?

「C 代理,要不要一起去抽根菸啊?」

「我打算從今天開始戒菸。」

「是喔?戒菸沒有你想得那麼容易喔,要不然我怎麼會現在還在抽?」

　　想必大家都很清楚「抽菸百害無益」這句話,公益廣告也經常打出「抽菸是疾病,戒菸是治療」等標語,試圖引起

吸菸者的警覺心。目前不只是醫療設施、教育機關，餐廳等大多數公共場所也已全面禁菸，菸盒上也義務性必須放上吸菸警告的文句與照片。政府也為了降低吸菸率，嘗試了調漲香菸價格等各項政策。

在討論禁菸法律之前，先讓我們了解一下吸菸對有害身體健康的程度有多大。單刀直入地說，吸菸者有一半死於吸菸相關的疾病，而且吸菸者比非吸菸者平均壽命短十年。這裡更嚴重的問題是，不只是吸菸者本人健康會出現問題，就連親愛的家人、朋友也會成為間接吸菸的二手菸被害者，因為香菸的菸霧混合了超過五千種有毒及致癌的物質。吸菸會引發上癮的尼古丁透過血液擴散到全身，在 10 ～ 20 秒內就可以到達腦部。尼古丁會刺激大腦的多巴胺回路，分泌多巴胺讓人感到愉悅。尼古丁的成癮性比其他物質都強，一次吸菸就產生依賴性的可能性很高。不僅如此，香菸還會使正腎上腺素、乙醯膽鹼、血清素、γ- 氨基丁酸（GABA）等各種神經傳導物質產生變化，導致我們的身體興奮清醒、降低食慾、失眠等症狀。

醫生傳授的有效戒菸方法

　　雖然很清楚香菸的可怕，但是到底該如何才能戒菸呢？許多吸菸者的新年新希望都是「戒菸」，但是實際嘗試著戒菸時，成功率卻只有不到 5%，也就是說一百個人下定決心要戒菸，卻只有五個人能好不容易戒掉，由這種程度就可以知道戒菸是件多困難的事了。或許就連這五個戒菸成功的人有一半以上都是因為身體哪裡不舒服，或是有逼不得已一定要戒菸的理由，才能戒掉。雖然一開始帶著堅定意志下定決心要戒菸，但遺憾的是只要出現戒斷現象，大部分的人都很難戰勝，最後就連三天都撐不過，「只抽一根就好」的想法讓人在關鍵時刻面前敗陣下來。雖然根據平時的抽菸量會有所差異，但是通常戒斷現象會出現在抽最後一根菸的兩個小時內出現，緊張、煩躁、集中力低落、嗜睡、食慾大增等症狀是代表性症狀。本來在煩躁或不安時，就會更想來一根菸，再加上戒斷症狀，會變得更迫切想吸菸，如果反覆出現這種惡循環，就更加劇對菸的中毒現象。

但是想戒菸並不是沒有方法，首先下定決心要戒菸的話，**最好先決定禁菸的開始日期**。雖然不是一定得這麼做，但是訂定開始戒菸日期的話，在統計上戒菸成功的機率會比較高。接著要做的事情就是**把香菸丟掉**，別管現在香菸還剩幾根、幾盒，不要覺得可惜，全都丟了吧。有人會想著如果真的壓力很大，那就只抽一根就好，而將香菸藏在抽屜的深處，或是不容易拿到的地方；但只要有這種想法，香菸總有一天又會重回手上的。請切記：要丟掉香菸，讓香菸完全離開視線才行。

　　最後，要改變隨手一根菸的習慣模式。身為吸菸者一定都有自己固定的吸菸時間和場所，最常見的「飯後一根菸」在用餐之後、晨間會議結束後、午餐時間走出咖啡廳後、下班後坐車之前、上廁所前等，仔細觀察的話，就可以發現這些吸菸時段是反覆的模式。試著稍微改變這些瞬間吧，吃完飯後與其走去吸菸區，不如走去便利商店買個餅乾吃，吃完就去刷牙；晨間會議結束後，就吃吃口香糖，試著採取與平時不同的行動吧。事實上有這麼一說，在韓國社會裡，「吸

菸」就跟同校校友、地緣、血緣關係一樣重要。和同事一起抽菸、聊天，是再普通不過的事。重點是你必須中斷這種總是在特定時間點和同事一起吸菸的模式，讓自己有所變化。如果繼續吸菸，隨著我們的大腦尼古丁受體活性化，就會想要重新找回從前感受到的快感，產生過去的習慣並上癮。在這種情況下，只要聞到菸味的瞬間，必然會產生急切渴望抽菸的念頭，因此一開始就應該遠離香菸才行。像這樣阻絕接觸香菸的環境，減少抽菸的誘惑機會，自然而然戒菸的成功率就會提高。

電子菸也是一種香菸無誤

近年來因為菸味不重、據說焦油含量較少等說法，抽電子菸、加熱菸的人越來越多，甚至有人認為電子菸是戒菸的墊腳石，究竟這是正確的嗎？因為電子菸基本上菸味沒有普通香菸重，因此很多人常在家中或車上抽電子菸。正因為抽電子菸的場所的限制比普通香菸少，反而會讓人抽得更

頻繁，結果抽的量更多，暴露在更多尼古丁的可能性變得大增，這麼一來就會更加深對香菸的依賴性。覺得反正菸味不重，就算跟討厭菸味的人見面前抽也沒關係，所以在開會前、約會前本來不抽，這時反而會比平常多抽一根。電子菸公司也表明電子菸的尼古丁含量跟一般香菸幾乎差不多，可以帶給人相似的滿足度，但如果因為電子菸的型態而抽得更頻繁，只會和戒菸之路漸行漸遠。總而言之，電子菸只是現有香菸的變形，不過是另一種型態的香菸罷了。

戒菸，當然需要他人幫忙

從實際統計數據來看就可以知道，光靠一己之力想要戒菸是非常困難的，如果我們身邊的家人或朋友中有人戒菸失敗，千萬不要認為他們意志薄弱而輕視或責備他們。從實際層面來看，戒菸無論對誰來說都是一件相當困難的事，這種否定的視線反而會造成壓力降低自尊心，誘發吸菸的慾望。放下只靠自己就能戒菸的想法，最好鼓勵想戒菸的

人可以去戒菸診所或醫院。透過專家的協助進行戒菸，大約有 10% 的人會成功；尼古丁貼片和口香糖等替代療法，成功率約有 15%；服用安非他酮（Bupropion）或伐倫克林（Varenicline）等戒菸藥物的情況，約有 20% ～ 25% 的成功率，當然綜合這三種方法的成功機率會更高。

政府也提出了各種支援戒煙的政策，請積極善用吧。例如，戒煙諮詢專線會有專業諮商師提供戒煙諮詢與方案的服務，[1] 除此之外，全國的衛生所、戒菸門診等也有提供戒菸集訓和登門拜訪戒煙服務。如果在醫院、診所接受戒菸治療的情況，國民健保也會給付部分費用。您可以上網搜尋戒菸服務醫療院所，以獲得治療諮商、禁菸藥物、尼古丁輔助藥劑等資源。

1　中文編注：台灣的免費戒菸專線 (0800-636363) – 衛生福利部國民健康署。

骨科專科醫師
李始映

不過搬了點東西，
手肘就覺得痛

　　吃完午餐一看手錶，不知不覺已經十二點四十分了，原本喝著咖啡享受悠閒時間的 C 代理，現在才察覺手肘痛痛的。他手忙腳亂地出門上班，度過了忙碌的早晨，但本來沒感覺的疼痛，突然一下子襲湧而來。

「該不會是剛才搬了快遞的箱子才會覺得痛吧？」

　　C 代理搬了重物，不懂為什麼不是手腕或腰部，而是手

肘感到疼痛呢？去到了醫院，聽到了更令人感到不知所措的話，醫生說病名是「網球肘（tennis elbow）」。平時別說是打網球了，就連走路運動都不太走的 C 代理，為什麼會得這種病呢？

發生手肘疼痛的理由

但通常疼痛的強度較強，持續時間也較久，因此相當令人困擾，也會壞人很不舒服，持續時間較久的情況也會較多，因此相當令人在意也會覺得相當不舒服，最近喜歡運動等休閒活動的增加，感到手肘疼痛的患者也日漸增加。根據韓國文化體育觀光部每年實施的「國民運動生活調查」的結果，光是 2015 年度運動生活的參與率達到 65%，2019 年更是上升到 66.6%。也就是說，現在三個人中就有兩個人享受運動生活。在受訪者的回答中，主要是在下班後或週末時進行運動活動，喜歡走路和登山的人最多，其次是健身、瑜伽、皮拉提斯；除此之外壁球、自行車、足球、高爾夫、羽

球等多種運動項目，則以相似的比例佔去了前十名。

　　但是這些運動中，使用球拍或是槓鈴等器具的運動，就很有可能會引起手肘炎症。諷刺的是為了健康才開始運動，竟然也可能會危害健康。但是運動活動本身並非手肘疼痛的原因，沒有必要因此遠離運動，只要避免錯誤的動作或姿勢，以及運動過度，用健康且正確的方式運動就行。疼痛的原因也不一定是運動造成，有可能因為職業的特性而產生手肘疼痛，特別是必須要搬運重物的職業，發生手肘疼痛的機率就會越高。

網球肘和高爾夫球肘

　　引起手肘疼痛的疾病有很多種，但最具代表性的疾病，就是常被稱為「網球肘」的肱骨外上髁炎，以及被稱為「高爾夫球肘」的肱骨內上髁炎。而網球肘比高爾夫球肘更常發生，兩種疾病都帶有運動相關的名字，因此經常引起誤會，第一次聽到病名時，可能會有「我平常連網球拍都沒拿過

了，怎麼會得網球肘呢？」或是「我連高爾夫球場附近都沒去過了，怎麼會有高爾夫球肘呢？」的想法。但是這些疾病與其說是因為特定運動活動，其實是因為錯誤的習慣或重複性高的動作而導致的疾病。實際上打高爾夫球而發生的高爾夫球肘患者，十個人中不到一個人。網球肘和高爾夫球肘都是過度使用手臂，且重複相同動作造成韌帶細微破裂而導致的疾病，其原理是隨著微小衝擊反覆累積，而產生疼痛。手腕向上彎折（伸展）或向下彎折（彎曲）動作時，手肘內側與外側使用到的肌肉，是透過韌帶附著在手肘骨上，因此過度使用手腕時，該部位就很容易受損。

試著動一動手腕，就可以簡單進行自我診斷。手肘呈現九十度的狀態下，手腕往後彎折時，手臂外側覺得疼痛就是網球肘；手腕往相反方向下彎折時，手臂內側感到疼痛的話就很可能是高爾夫球肘。但是會有類似症狀的疾病相當多，如果疼痛感持續，或還伴隨著其他症狀的話，建議最好去醫院接受治療。

好好休息才會好得快

幸好網球肘和高爾夫球肘都是只要避免造成損傷的重複性動作並限制手肘活動，就會自然痊癒。通常一年內 90% 以上的人都會好轉，但是幾個月內不做重複性動作並不容易。我也很喜歡籃球、高爾夫球、衝浪、慢跑等各式各樣的運動，因此暴露在這種負傷的危險中，特別是在學打高爾夫球時，因為網球肘吃了不少苦頭。一開始因手肘疼痛覺得還能夠忍耐，就邊吃藥邊練習高爾夫球，結果疼痛惡化，到了得完全休息的地步才行。直到那時，我才真正正視這問題，好好休息三個月，每個月按摩手臂，固定做伸展運動讓肌肉舒緩，直到症狀消失後才開始運動。

但是有時候去健身房做肌力訓練時，因為過度勉強舉了過重重量時，疼痛症狀又會再度復發，這時候就要立即降低重量，以較輕的重量運動，或是改做其他身體部位的運動，讓手臂休息。雖然在接受三個月的治療後症狀好轉了，但是剛開始抱著「我可是骨科醫生，我的身體我當然很清楚」這

種自以為是的想法養病，讓我多繞了不少原本不用經歷的遠路。許多人也像這樣，即使疼痛也覺得沒關係而輕忽症狀，「雖然好像會痛，應該馬上就不會痛了吧」，如果繼續無視身體發出的警訊，很可能發展成慢性疾病，因此不要小看任何疼痛，必須及時適當的休息。

治療網球肘和高爾夫球肘時，最基本也是最重要的部分就是限制動作並且休息。除此之外，還可以使用減少移動的輔助器，或是疼痛嚴重時，可以開消炎鎮痛劑處方降低疼痛。輔助的療法和按摩、伸展運動一起進行會更有效果，在此介紹幾個對治療有幫助的按摩和伸展運動的方法，有空就跟著做吧。

＊ 有助於網球肘和高爾夫肘的按摩

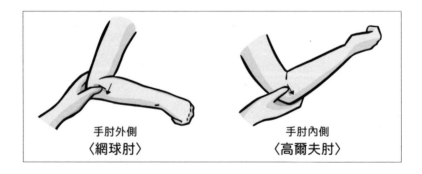

手肘外側
〈網球肘〉

手肘內側
〈高爾夫肘〉

手肘 90 度彎曲狀態下，用另一隻手的大拇指深壓，往箭頭方向滑下去按摩，這時按摩的重點是要從上而下按下去，要再往上時大拇指不要離開皮膚，但放開力氣的狀態回到原本的部位，再按壓下去往下滑去去，朝著同一方向按摩，一組三十次，一天最好做三到五組。如果左側有網球肘，右側有高爾夫球肘時，這是很好的按摩法，兩邊以同樣的原理，照著箭頭的方向緩緩地往下按摩。

　　接著是伸展的方法。首先將手臂伸直，手掌朝自己身體方向，用另一隻手握住手背往身體方向輕輕拉去，保持約 20 秒；接著手掌往身體外側朝向正面，用另一隻手握住手心輕拉，一樣保持約 20 秒，重複這個動作兩到三次。這個動作是將感到手肘疼痛這側的手腕，透過另一隻手以手動方式往下、往上的方式，放鬆相關肌肉的伸展運動。和按摩同時並行，有助於治療，在運動前做也可以預防受傷，你不妨跟著做看看。

✳ 緩化手肘的伸展運動

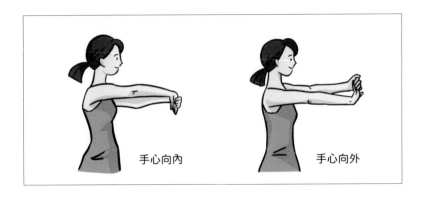

手心向內　　　　手心向外

　　雖然前面解釋過網球肘和高爾夫球肘會自然痊癒，但是如果重新又做同樣的運動，或是職業特性上不得不反覆相同動作時，很有可能轉換成慢性疾病，並且再度復發。因此一開始運動時，還有提起重物時，事前的伸展和準備動作是非常重要的。越是新手，就越要學習正確姿勢，減少受傷的危險。無論是日常生活還是運動，只有隨時關注自己身體的反應，並且正確地應對，才能夠讓你真正變得越來越健康。

復健科專科醫師
李宜昌

久坐、久站
或長時間談話

　　因為工作忙得暈頭轉向，無意間瞄了一下手錶，已經超過午餐時間了。Ｂ次長上班後一直維持同樣的姿勢工作，覺得腰部很痠痛，便從座位上起身想活動一下身體，結果卻感到腰部一陣劇痛。他以前也有腰痛的經驗，但卻是第一次從腰部開始到屁股、腿部都覺得麻麻的，還伴隨著無力的感覺。瞬間，他腦海中閃過其他飽受腰椎間盤突出所苦的同事

的模樣。

「我該不會也是腰椎間盤突出吧？」

　　每個人活到現在或多或少都有過腰痛的經驗吧？那麼就有必要注意這篇故事了。根據統計，韓國全體人口中約有80%的人，至少曾有過一次腰痛的經驗，而且實際上因為疼痛而到醫院就診的患者中，因腰痛而就診的人也最多。也許正因如此，人們對腰部健康的關心熱度，即時隨著時間的流逝也不曾冷卻，即使現在去書店，也可以找到很多關於腰部健康的書籍。但是為什麼會有這麼多人會有腰痛的經驗呢？如果想要理解這一點，首先就要了解腰部是用什麼原理來支撐身體。

脊椎要挺直才能減少對腰部的壓迫

　　就像建築物有柱子一樣，我們身體也有叫「脊椎」的柱子，脊椎是一路從脖子、背部、連接到臀部的骨頭，有支撐我們身體的重要作用。但是人類是哺乳類動物中，極少數可

以直立行走的動物，也因此脊椎不得不承受身體重量。現代人通常坐著、站著，或是長時間維持著同一個姿勢，這樣的姿勢會帶給脊椎很大的負擔。下方圖表即顯示了在不同姿勢變化下，會對脊椎施以多大程度的負荷。

✳ 不同姿勢對腰部的壓迫程度

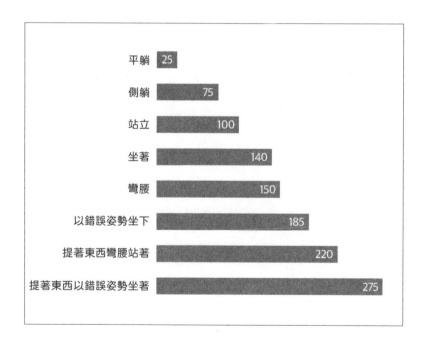

姿勢	數值
平躺	25
側躺	75
站立	100
坐著	140
彎腰	150
以錯誤姿勢坐下	185
提著東西彎腰站著	220
提著東西以錯誤姿勢坐著	275

比起舒服平躺，站立的時候對腰部負荷程度會高出四倍，坐著時的壓迫則是高出 4 ～ 5 倍左右。在站立或坐著的狀態下，做往前彎腰或舉重物的動作，對腰部施以的壓迫強度會增加 10 ～ 20 倍以上。我們的脊椎本來就維持著一定的排列，可以適當地分散受到的壓迫。建構成支柱的骨骼之間，有扮演了軟墊作用的軟組織的椎間盤、脊椎小面關節以及周圍的肌肉與韌帶等結構等可以支撐脊椎，並且使其穩定。但是當脖子和腰部一直受到過度的壓迫時，就會使脊椎排列受損，造成椎間盤變質。變質的椎間盤本身也會分泌誘發發炎物質，更大的問題是從原本位置脫離突出的椎間盤會壓迫神經，誘發神經炎症反應和疼痛，這就是我們通常稱為「椎間盤突出」的「脊椎滑脫症」。如果脊椎排列受損，脊椎小面關節也會出現關節炎，導致周圍肌肉和韌帶緊繃，還會引發二次性的疼痛。與腰部疼痛相關疾病還有脊椎管變狹窄壓迫神經的脊椎管狹窄症、因退化或骨折導致上下椎體位移的退化性腰椎滑脫、脊椎歪掉扭曲的脊椎側彎症、向前彎曲的脊椎後凸（俗稱駝背）等。

像這樣腰部出現問題時，就會產生巨大的疼痛，這種疼痛不單純侷限於於腰部，如果發生從發生疾病的部位往其他部位傳遞疼痛的放射性疼痛或牽涉性疼痛，就算只有腰部出現問題，就連臀部、腿、甚至腳尖都可能出現疼痛感。疼痛的症狀各式各樣，包括僵硬痠痛、抽痛、刺痛、被電到的刺麻痛感、劇烈疼痛、難以言喻的不適感、發麻、異常感覺、感覺遲鈍等。病情嚴重時，腿部或腳踝肌力會下降，走路也會出現問題，甚至連大小便都可能出現失調。

腰部疼痛，用正確的姿勢來治療

　　如果腰部出現問題，可能會出現多種症狀和疾病，但是不管出現什麼症狀，治療腰部疼痛最重要的方法，就是矯正錯誤姿勢與生活習慣。與突然受到嚴重衝擊而出現的急性損傷的情況相比，較小的損傷逐漸累積形成的慢性疼痛病例通常更常見，也就是說，腰部並非一下子就受損，而是慢慢損壞。最好越年輕時儘早開始矯正姿勢，因為與高齡者相比，

年輕人較少發生退化，大部分只要矯正生活習慣，就能明顯減少疼痛或不便感，防止病情惡化。簡單地說保持正確的姿勢，就是鞏固基礎工程的工作。脊椎在不知不覺中慢慢變形，如果長時間維持著不良姿勢，不只是脊椎、腰椎間盤、肌肉、韌帶等也會出現過度的負擔，引發疼痛。那麼什麼才是正確的姿勢呢？

從脊椎排列的觀點來看，正確的姿勢從側面來看，從耳朵、肩膀、膝蓋到腳踝都在一直線上，也就是下巴稍微向身體方向微收，不要讓兩邊肩膀向內縮，胸部打開挺直，腹部要稍微用力，避免臀部過度向後掉。坐在椅子上時，背部靠在椅背，肩膀自然放鬆、挺起胸膛，把電腦螢幕調整到符合眼睛的高度，這樣才能預防彎腰駝背、脖子前伸的姿勢。我們身體通常不習慣正確端正的姿勢，因此要更有意識隨時注意調整到正確姿勢。

這裡還有一點要注意：那就是有些人認為姿勢正確的話，就算長時間保持同樣的姿勢也無妨，但這是錯誤的想法。無論姿勢再怎麼正確，如果一直維持同一個姿勢，肌肉就會緊

繃、關節僵硬，就會產生疼痛。坐著使用電腦時，最好儘可能把鍵盤靠近身體，如果鍵盤離身體太遠，手臂就會自動打直，而長時間維持這樣的姿勢，很容易在無意識之間拱起肩膀和背部，形成圓肩。

在工作時，至少一個小時就要起身站起來活動一下，哪怕只是短時間暫時起來走走也好。如果長時間保持同一個姿勢，肌肉會緊繃僵硬，引發疼痛，脊椎排列也會出現問題，進而導致烏龜脖、圓肩、脊椎後凸等身體變形。

以運動來守護我們的腰

保持運動習慣對保護腰部健康是非常重要的，我們的腰部有支撐脊椎天然的腹部核心肌肉（腹肌、豎脊肌群、骨盆底肌肉等），如果穩定脊椎的肌肉變弱，就會對脊椎造成負擔。代表核心運動有棒式和橋式，做核心運動可以強化腰部周圍的肌肉，讓這些肌群可以穩穩固定脊椎。但是核心肌肉運動很難在短時間看到戲劇化的成果，要堅持固定運動才會

看到效果。所以請不要輕易放棄，為了腰部健康，有空就要鍛鍊核心肌肉。

那麼，腰部劇烈疼痛時該怎麼辦呢？如果腰部疼痛急速惡化的話，最好平躺看著天花板靜靜休息，這樣可以放鬆緊張的肌肉，還可以減輕脊椎的負重。躺一、兩天雖然有幫助，但是躺太久會使腰部肌肉變弱，反而有害脊椎健康，因此要特別注意。最後想談談市面上販售的姿勢矯正器，有些產品廣告宣稱只要使用的話疼痛就會消失，但希望你儘可能不要依賴這些器具。當然，姿勢矯正器可能對脊椎矯正或緩解疼痛有所幫助，但大多數情況下，其實並沒有充分的醫學證據。

AM
PM
08:88

上班族的下午

辦公室裡
有健康殺手！

內科專科醫師
李應顯

吃完午餐後，
一直覺得胃痛

「啊，胃好痛。」

「會不會是胃炎？最好還是去醫院照一下胃鏡看看。」

「算了啦，最近哪有一個上班族是沒胃炎的，過一陣子就會好轉吧。」

C代理每天吃完午餐後會和同事一起喝杯咖啡，吃完油膩、刺激的食物後再喝一杯香濃的咖啡，似乎有助於舒緩一

點壓力，但是一到下午就會感到胃痛、噁心不舒服。C 代理以為是因為中午喝的咖啡才會胃痛，但是仔細回想，早上起床或是睡覺前也是一直感到胃痛。原本不以為意的 C 代理突然開始擔心，如果繼續這樣下去，該不會讓胃炎惡化而發展成胃癌吧？

　　胃痛是腹痛的症狀之一，有腹痛的人通常會有胃痛、胃灼熱、刮胃的感覺、絞痛、刺痛、噁心等方式表現疼痛。胃痛的原因也是各式各樣，大部分是因為藥或食物引起的胃部疼痛、神經性胃炎、消化性潰瘍（十二指腸潰瘍、胃潰瘍）、逆流性食道炎、惡性腫瘤等消化性疾病所引起的。但是如果伴隨著胸部疼痛，就不是消化系統的問題，而有可能是肺和心臟的問題。因此如果出現上腹部或胸部疼痛的話，就可能不只是消化系統的問題，最好到醫院就診，確認是否為心臟或肺部問題才是明智之舉。

🩺 上班族的老毛病：胃炎和胃食道逆流

首先了解一下引起胃痛的代表性疾病胃炎吧。胃炎是指因多種原因導致胃黏膜受損，導致發炎的狀態。胃會分泌強酸性胃液來消化食物，我們身體存在著保護胃黏膜免受胃液侵害的防禦機制，處於正常狀態的話不會成為問題；但如果胃液分泌過度，或是胃黏膜的防禦機制變弱，當藥或食物導致胃黏膜的保護功能降低，就會產生傷口和炎症。

胃炎是上班族的老毛病，也是現代人的常見疾病，主要是因為過度飲酒、吸菸、暴飲暴食等錯誤的飲食習慣所引起，因為類似的生活習慣和模式在上班族身上經常出現。除此之外，感染幽門螺旋桿菌或是服用阿斯匹靈、消炎鎮痛藥劑等藥物也可能引發胃炎，需要進一步檢查才能做出準確的診斷。其他細菌及病毒感染、自身免疫性、膽汁逆流、手術、燒傷、發燒、急性心臟疾病等身體壓力也會引起胃炎。

胃炎代表症狀有胃痛、胃悶、消化不良、噁心、嘔吐等，如果胃炎的情況進一步惡化，就會發展成嚴重的上腹部疼痛

的消化道潰瘍。當胃或十二指場發生潰瘍就表示黏膜層過度受損，黏膜或黏膜下的肌肉層也會完全暴露出來。如果放任潰瘍情況持續下去不管，就會出現胃穿孔。當感染幽門螺旋桿菌、持續性承受壓力下、胃酸分泌過多、黏膜再生不良時、吸菸或其他血管障礙導致黏膜細胞無法順利再生時，就會發生胃潰瘍。胃潰瘍的症狀會比胃炎更嚴重，如果病情惡化的話，還可能會吐鮮血或是排黑便。

胃食道逆流導致的逆流性食道炎也是胃痛的代表原因之一。逆流性食道炎是因為各種原因，使強酸性的胃液逆流至食道，導致食道黏膜發炎的疾病。嚴重的話，還會導致食道黏膜永久的變化，甚至可能引發食道癌，因此要特別注意。很多有吃宵夜習慣、吃完東西習慣立刻躺下的現代人都因疾病而飽受痛苦。逆流性食道炎主要具有到了晚上上腹部疼痛會更加嚴重的特性，這是因為躺著的姿勢會讓胃裡的東西更容易逆流到食道的關係。

🩺 胃痛的時候該怎麼辦呢？

　　如果想要確定胃痛明確的原因，就必須到消化內科（肝膽腸胃科）就診。到醫院後，醫生會詢問一些問題，確認有沒有引起胃痛的情況，並進行簡單的血液檢查，也可能有 X 光檢查。其中最能明確查明原因的檢查方法就是食道－胃－十二指場內視鏡。內視鏡大致可分為上消化道內視鏡和下消化道內視鏡，確認食道、胃、十二指腸屬於上消化道內視鏡，確認直腸、大腸則是屬於下消化道內視鏡。進行上消化道內視鏡時，透過照相機確認食道、胃與十二指場，目的在於如果有異常時可以及時做出診斷進行組織檢查，必要時還可以同時進行治療。

　　原則上，如果被診斷為胃炎、胃潰瘍或逆流性食道炎，應選擇適當的方法並治療。針對胃部相關疾病，矯正錯誤生活習慣與飲食習慣相當重要。首先，要充分休息。如果承受過大的壓力，身體就會分泌壓力荷爾蒙，致使胃黏膜受損。維持適當的飲食量及規律的用餐時間，都對緩解胃痛有很大

的幫助。必須戒掉過量飲食及經常吃宵夜的習慣，過辣、過鹹、油膩的食物會讓逆流性食道炎惡化，也要儘可能避免。菸酒會促進胃酸分泌，造成胃炎惡化，同樣要儘量避免。另外，咖啡與能量飲裡含有會造成胃部黏膜損傷的咖啡因，也最好減少飲用的量。服用消炎鎮痛劑、類固醇及阿斯匹林時，也一定要搭配保護胃部的胃藥一併服用。

如果光是矯正生活習慣還是無法解決胃痛問題，就要同時進行藥物治療。治療上會使用抑制胃酸分泌、幫助治癒黏膜的藥物，來減輕發炎緩解症狀，也可以同時使用保護胃黏膜、避免刺激損傷的藥物。如果確定是感染幽門螺旋桿菌，則要透過抗生素和藥物進行殺菌治療。

對現代人而言，胃痛是每個人都曾至少經歷過一次的常見症狀，但是如果因為胃痛而無法集中精神工作，或是疼痛症狀持續反覆出現，也會造成生活品質下降。只要改善飲食習慣與適當進行壓力管理，就能大幅改善胃部不適的狀況，不妨從現在就開始嘗試吧。

Q 如果患有胃炎和逆流性食道炎時，有哪些飲食一定要避免？

A 基本上，過鹹、過辣、油膩的飲食都對胃不好，除此之外，巧克力、過量的咖啡、碳酸飲料、柳橙汁等都會使逆流性食道炎惡化。除了飲食之外，菸酒也會使胃炎和逆流性食道炎惡化，因此必須要減量。

Q 胃炎和逆流性食道炎的差異是什麼？

A 胃炎是胃部發生炎症的疾病，而逆流性食道炎是胃液引起的食道炎症。即使有胃炎也不一定會發生逆流性食道炎，同樣地，即使有逆流性食道炎也不一定有胃炎。兩者發生的原因及位置不同，因此根據不同的疾病，治療方向也會有所不同。

Q 如果胃炎變嚴重的話，會發展成胃癌嗎？

A 是的，胃炎變嚴重的話，可能進一步發展成胃潰瘍，黏膜發生變化，就有可能會轉化成胃癌，但是機率並不高。胃炎成因之一的幽門螺旋桿菌是其中一種引發胃癌的原因，有研究指出如果幽門螺旋桿菌攜帶者的除菌治療能成功，發生胃癌的風險將降至四分之一。如果有胃炎的話，一定要檢查是否為幽門螺旋桿菌感染，萬一是的話，務必要進行殺菌治療。

皮膚科專科醫師
金台翰

枯竭的辦公室，
枯竭的 C 代理

　　雖然用香濃的咖啡撫慰了遲鈍的大腦，但在辦公室裡要和電腦螢幕較勁可不是件容易的事。工作忙得喘不過氣來時，突然瞥見鏡中的自己——臉部皮膚乾燥鬆弛，雙眼不但乾澀，還充滿了血絲。

　　辦公室可能是我們花最長時間待著的地方。如果是常加班，甚至連週末都得要上班的上班族來說更是如此。在辦公

室裡本來就會待很長的時間，並且得要集中注意力做事，因此所有人都希望能夠打造一個更加舒適的環境。可能因為如此，辦公室稍微有點冷就會開暖氣，有點熱就開冷氣，但是你知道嗎？為了袪除一點寒意而開很強的暖氣，可能會讓辦公室變得比撒哈拉沙漠還乾。

皮膚需要適當的水分，水分太多的話可能會潰爛，太少的話可能會乾燥裂開。許多上班族都各自努力為乾燥皮膚補充水分，每天喝兩公升的水、帶著保濕噴霧隨時噴噴臉，或在辦公桌上放個用沒多久就壞的迷你型加濕器，想必大家多少有過這樣的經驗吧。但是這些方法真的有效嗎？在這裡先放下自己的想法，為了守護我們珍貴的皮膚，參考看看專家的意見吧。

不讓皮膚水分流失的方法

我們的身體有 70% 是由水組成的，這些水分透過排尿、汗水、呼吸等方式固定地排出體外，還有用肉眼看不見、穿

透皮膚蒸發的水分。皮膚保濕的第一原則就是減少「經皮水分散失」，所謂的經皮水分喪失，簡單來說就是在持續乾燥的狀態下，導致皮膚水分消失。

如果要阻止水分蒸發，就需要覆蓋一層膜以防止皮膚中的水分流失，而乳液或乳霜就是扮演這樣的角色。保護皮膚的膜越黏效果就越好，乳霜比起乳液效果更好，而保養油又會比乳霜更有助於解決皮膚乾燥問題。雖然很多人不喜歡黏膩的保濕產品，但以防止水分蒸發來說，這種產品更有效果。大致上歐美品牌的保濕產品質地會更黏稠，是因為西方人的皮膚比東方人更乾燥，所以如果平常有皮膚乾燥的煩惱，最好擦一些質地較黏稠的保濕產品。但是越黏稠、質地越油的產品，越有可能讓肌膚產生其他問題。如果你的肌膚是容易出問題的類型，就要選擇質地適中的折衷方案。另外，保濕劑所形成的膜會隨著時間自然而然被吸收或擦拭掉，因此要經常補擦。

如果你的皮膚屬於乾燥類型，也要注意手部的保濕，特別是冬季為了預防感冒會經常洗手，洗手雖然可以洗去細菌，

但也會把保護皮膚的保濕成分和油脂一起洗掉。如果手部容易龜裂，最好戴上手套，儘量避免把手弄髒。如果一定得洗手的話，洗完手後記得擦上護手霜，做好保濕。使用乾洗手也是個好方法，因為乾洗手通常會含有保濕成分，引發問題的機率比起用肥皂洗手低。

🩺 關於皮膚的誤解與真相

一、在桌上放個迷你加濕器可以保護乾燥的皮膚嗎？

冬天的暖氣或夏天的冷氣是造成皮膚乾燥的主要犯人，雖然好好擦保濕產品很重要，但是要維持適當的濕度才能保護皮膚。可惜的是放個拳頭大小的加濕器在桌上並沒有多大的幫助，雖然有總比沒有好，即使是六坪大小的套房裡，迷你加濕器也很難看到效果，放條濕毛巾在旁邊效果說不定還比較好。如果晾在一旁的濕毛巾很快就乾，記住這代表我們的皮膚同樣也是如此。而且如果將迷你加濕器水氣噴口往臉部方向轉的話，水滴凝結在皮膚上蒸發，反而會使皮膚乾燥

感進一步惡化。

最近可以確認濕度的手機應用程度或家電產品很多，所以可以確認室內濕度。一般冬季室內濕度要維持在 50% 左右，但是辦公室的濕度通常只有 10% 至 30%，想把濕度提高到 50% 的話該怎麼做才好呢？這時就需要使用符合辦公室面積的大容量加濕器，用加濕器調節室內的濕度以避免皮膚變乾燥。

二、多喝水的話，皮膚能變水嫩嗎？

通常大家都會誤會多喝水可以幫皮膚補充水分，但是喝多少水和皮膚狀態沒有直接關係，如果喝水能解決皮膚乾燥的問題，肯定已經出現很多「用喝的皮膚保濕產品」的廣告。到達皮膚的水分量是由我們體內的內臟精細地調節，因此皮膚能經常保持一定量的水分，如果不是嚴重到脫水程度的狀況，皮膚都能保持一定量的水分。因此如果要解決皮膚乾燥的問題，比起喝水，用加濕器適當調整室內的濕度會更有效果。當然充分喝水也有助健康管理，但也不能誤以為喝很多水就能補充皮膚的水分，而放任乾燥的皮膚不管，適當補充

水分的同時，還要加上用適當的方法管理乾燥的皮膚才行。

三、使用噴霧的話，皮膚會變得更乾燥？

為了能夠方便隨時讓皮膚保濕，很多人會使用噴霧，但又聽說使用噴霧會讓皮膚更加乾燥，而感到擔心。這到底是不是事實呢？這句話只有對一半。保濕噴霧中含有大量的水分和酒精，使用噴霧時會立即感到清爽，噴霧灑在肌膚上時，會快速蒸發帶來清涼的感覺；但噴霧蒸發的同時，肌膚自身擁有的水分也會一起蒸發，打破肌膚的屏障。皮膚嚴重乾燥的人最好能夠確認成分，不要使用水分含量高、含有酒精的噴霧。含有保濕成分或油類的噴霧雖然比較沒清爽感，但同時也會減少這種副作用。如果皮膚很乾燥的話，要仔細確認成分標示，選擇含有大量保濕成分（玻尿酸、甘油等），或是油類成分的產品；不過如果是油性肌膚，使用含有大量油類成分的產品可能會出現問題，因此要選擇適合自己肌膚類型的產品。

Q 在辦公室能做到最有效的皮膚補水方法是什麼呢？

A 最小的補水方法就是維持辦公室濕度在 50% 以上，只要好好遵守這個原則，就不太會有乾燥的感覺。如果情況不允許的話，中午時可以再補擦一些保濕霜，或使用含有保濕成分的噴霧也是不錯的方法。

Q 有化妝水、乳液、乳霜、安瓶、保養油等保濕產品，按照皮膚類型要使用哪種保濕產品會比較好呢？

A 雖然市面上有許多保濕類型，但是其實這些保濕產品的本質都是根據水（純水）和油的比例不同，質地也會不同。純水比例高的話，就是化妝水或精華液，油的比例高的話就會是黏稠的乳霜，大致可以這樣想。皮膚越油，越要使用純水比例高的保養品。如果會長痘痘的話，也可以使用含有可溶解角質的水楊酸（BHA）成分的產品，因為油性肌膚最重要的就是不要堵塞有皮脂的皮膚毛孔。相反地，如果皮膚開始乾燥或乾裂，可以選擇較油潤的乳霜或保養油類型的產品，除此之外，如果含有甘油、玻尿酸等保濕因子等效果會更好。如果是混合型肌膚的話，油脂多的 T 字部位和乾燥的 U 字部位建議使用不同質地的產品；如果是敏感性或有異位性皮膚炎的肌膚，建議選擇含神經醯胺成分的產品更有幫助。

皮膚科專科醫師
金台翰

眼部保健，
只要吃葉黃素就夠了嗎？

　　一整天盯著電腦看，總覺得眼睛乾燥又酸澀。C代理最近覺得眼睛好像更加疲憊了，下定決心要好好保養眼睛，但不知道要怎麼做。正覺得茫然無措時，平時就很關注健康方面的課長飛來一句話：

　　「聽說葉黃素對眼睛健康很不錯啊？」

網路搜尋「葉黃素」的話，就會出現數不清的產品，C代理心想這麼多人吃總有它的道理吧，一邊按下購買的按鈕。究竟葉黃素是對乾燥又疲勞的眼睛有幫助的成分嗎？

　　我們從電腦螢幕到手機，一整天都只盯著那小小的螢幕，此時最直接會感到疲勞的部位就是眼睛了。我們的眼睛雖小，但卻扮演著相當重要的角色，有 80% 的外部訊息是透過我們的眼睛接收。眼部肌肉和一整天工作的心臟一樣不停動作，眼皮即使在睡覺時也像為了呼吸工作的橫膈膜一樣，不停動啊動。這樣說來，說眼睛是我們身體部位中最受折磨的部位也不為過。即使有人會走路運動，但卻很少人會為了眼球健康而運動；即使有人會按時吃綜合維生素，但卻很少有人會按時吃眼睛保健品。在我們疏忽眼睛的同時，眼睛依舊受到螢幕的光線和智慧手機的藍光摧殘。現在好好了解眼睛健康的重要性，好好保養眼睛還來得及。

🩺 代表性護眼保健品：葉黃素

　　葉黃素是存在於我們眼睛重要的成分，有助於防禦引起視網膜損傷的罪魁禍首活性氧，保護眼睛不受藍光傷害。既然是這麼好的成分，為了眼睛健康著想，不是所有人都應該攝取葉黃素嗎？但眼科醫師表示：大部分沒有眼睛疾病的人，並沒有非得吃葉黃素不可。已經有許多針對葉黃素功效的研究，均顯示葉黃素只對黃斑部病變達到一定程度的患者有預防效果。黃斑部是視網膜最重要的部分，負責眼睛中心視力，黃斑部病變是指隨著年齡增長，黃斑部逐漸變差的疾病。一旦開始病變，將會導致所見事物會變形或視力下降；如果放任不管，嚴重時甚至可能會失明。事實上，這是造成失明最主要的疾病之一。

　　看到這裡，你可能會覺得一定要吃葉黃素來預防黃斑部病變才行；但是對於還沒有發生黃斑部病變的人來說，葉黃素沒有太大的保護效果。如果想要吃葉黃素的話，可以到眼科先確認自己眼睛是否有黃斑部病變再吃。如果是愛護自己

身體的聰明上班族，倒不如拿買葉黃素的錢去眼科定期接受檢查。很多人因為覺得「眼睛模糊看不清楚，應該只要吃葉黃素就會好吧」，而放任眼睛不管，結果導致其他眼部疾病變得更嚴重而受苦。確認是否有黃斑部病變或其他眼部疾病，提前預防才是明智的做法。

🩺 隔壁同事吃的 Omega-3 是眼部保健品嗎？

每天都在抱怨眼睛乾澀、眼睛分泌物、看不清楚的同事，不知從何時開始吃 Omega-3，是聽說 O-mega3 對乾眼症有幫助？很久以前開始就經常出現 Omega-3 有助於改善乾眼症的論文研究，營養品公司也利用這些論文研究，讓 Omega-3 廣告熱度提高。那麼 Omega-3 與先前說的葉黃素不同，會對乾眼症有幫助嗎？遺憾的是，在 2018 年世界最頂尖的醫學期刊《新英格蘭醫學雜誌 NEJM》發表中，否定了 Omega-3 對乾眼症功效的研究。因此雖然很難保證 Omega-3 對眼睛保健有功效，但的確有研究顯示其功效，而且攝取 Omega-3 也

不困難，如果有乾眼症的人還是可以考慮的選擇。但是比起人工的保健品，直接食用食品會有更好的效果。

比保健品更好的乾眼症解決對策

但如果乾眼症嚴重造成生活不便，只是單純攝取Omega-3 保健食品很難期待會有明顯的效果，要解決乾眼症最好的方法就是改善環境。改善讓眼睛乾澀的環境會比吃Omega-3 更有幫助。為了避免辦公室過度乾燥，可以用效果好的加濕器將濕度控制在 50%。此外，在工作空閒時要記得閉眼休息，這樣的習慣可以阻斷眼球直接接觸乾燥的空氣，恢復眼睛的水分保護膜。也注意不要讓風直接吹向眼球，冷氣或電風扇的冷風直接對著眼睛吹，可以說是最糟糕的環境。可以的話最好改變出風方向，如果無法避免，戴上眼鏡也會有幫助。也可以用浸濕的熱毛巾熱敷眼睛，促進淚液分泌，使眼球保持濕潤。

用以上方法保養眼睛的同時，也可以去眼科拿取人工淚液處方。最好先接受診斷，確定眼睛乾澀與分泌物等症狀是否真的是乾眼症導致，再透過眼科處方取得人工淚液。針對眼睛嚴重乾澀的患者，除了人工淚液外，眼科還會開立黏稠的眼藥膏，或是促進淚液分泌的眼藥。如何照顧和我們走一輩子的夥伴眼睛，取決於我們的努力。

內科專科醫師
李應顯

上班族
總是維生素D不足

　　上班族最疲累的時間下午三點，C代理揉了揉愛睏的雙眼，看看窗外明媚耀眼的陽光。可能因為下午下了場陣雨，洗去了塵霾，天空久違地一片晴朗。舒適的陽光灑落，C代理有些發懶地伸伸懶腰，想起了不久前母親被診斷出骨質疏鬆症，醫生開了用來治療骨質疏鬆症的鈣片和維生素D處方，所以她也送來了一箱相同成分的保健品給C代理。C代理一

邊吃著營養品，一邊這麼想。

「從年輕時就開始吃鈣片和維生素 D 的話，應該不會得
骨質疏鬆症吧……」

乍聽之下似乎是言之有理，但是其實我們身體吸收維生
素 D 最重要的因素是陽光。就讓我們了解一下為什麼身體需
要維生素 D，以及該如何補充維生素 D 吧。

需要陽光的維生素 D

骨質疏鬆症是構成骨頭的主要成分鈣質流失，造成骨頭
強度變弱的疾病。尤其是女性在 35 歲以後骨量會漸漸下降，
在 50 歲前後經歷停經後會更加急速下降，因此是罹患骨質
疏鬆症的高危險群。韓國五十歲以上的女性有 35% 因骨質疏
鬆症所苦，因此不管是誰都要對此做好準備。骨質疏鬆症固
然本身是個問題，如果不好好照顧，很容易發生骨折，還會
出現其他併發症，造成更大的問題。

很多人會為了預防骨質疏鬆症及骨骼健康，而攝取維生

素 D。維生素 D 是一種脂溶性維生素，可以調節體內的鈣質代謝及濃度，維持骨骼的堅硬，除此之外還會影響細胞的生長、分裂、免疫系統，具有許多功能。如果維生素 D 不足的話，就會發生佝僂症、骨質疏鬆症、心血管併發症、糖尿病、精神分裂症、憂鬱症、記憶力衰退，甚至罹患癌症的機率也會提高。另外，維生素 D 還是一種類固醇，在我們的身體裡能發揮荷爾蒙的作用。

雖然維生素 D 如此重要，但根據調查顯示，韓國約有 90% 國民處於維生素不足的狀態。雖然原因各式各樣，但最主要的原因就是日曬不足。維生素 D 也可以透過食物攝取，但是透過食物攝取的吸收率較低。大部分的維生素 D 都是透過日曬在皮膚上合成的，為了合成身體所需的足量維生素 D，每週最好至少曬太陽一到兩個小時。建議每週兩到三次、每次 10 ～ 20 分鐘，在白天曬曬太陽。再加上隨著年齡增加，合成維生素 D 的能力下降，維生素 D 不足的現象更加嚴重。

有人說臉部曬曬太陽沒關係，但是臉部面積只佔身體的 10% 左右；再加上合成維生素需要的是 UVB，但是窗戶玻璃

可以讓誘發癌症的 UVA 通過，卻會阻擋需要的 UVB，因此從窗戶外進入的陽光對合成維生素 D 是沒有用的。[1] 日照不足的北歐國家，正在採取措施應對缺乏維生素 D 的現象，而我們面臨維生素 D 的不足情況也越來越嚴重。專家們正在討論，如果想要達到血液中維生素 D 濃度正常值（以 30ng/ml 為基準），應該進一步增加維生素 D 的攝取量。以成人的標準而言，維生素 D 建議攝取量一般為 1,000IU，缺乏的患者則是 4,000IU 左右。如果想得知自己是否缺乏維生素 D，只要至鄰近醫院或健檢中心檢查即可。

日常生活中補充維生素 D 的方法

如果想預防維生素 D 不足，就要在日常生活中養成固定的習慣。首先，要充分曬太陽。許多人會因為嚮往白皙的肌膚，而討厭暴露在陽光下。如果為了防止皮膚老化，每天

1　紫外線依波長不同可分為 UVC、UVB、UVA；其中 UVA 的穿透力比 UVB 更強。

在臉部以外的手臂、腿部也過度塗抹防曬乳的話，我們的身體就沒有機會透過陽光合成維生素 D 了。所以暫時放下防曬乳，每週散步一、兩個小時，讓身體暫時暴露在陽光下吧。

維生素 D 也需要透過食物攝取。富含維生素 D 的飲食有青背魚（鮭魚、沙丁魚、鮪魚、竹莢魚等）、雞蛋、堅果類、牛奶、菇類、肉類等，尤其一隻青背魚中含有一天所需的維生素 D 含量，最好養成固定食用青背魚的習慣。如果不喜歡吃魚，可以吃乳製品或雞蛋之類的食物。用食品難以完全補充營養時，可以吃含有維生素 D 的保健品，而且不僅要攝取維生素 D，也要充分攝取鈣質。維生素 D 有助於鈣質吸收，因此也可以根據服用量，一併攝取含鈣的保健品。但要注意：如果攝取過多的鈣質，可能會有副作用。最後飲酒、抽菸要節制，減少咖啡因、速食、碳酸飲料、白糖等加工食品也會有幫助。

內科專科醫師
李應顯

從座位上起身，
突然覺得眼前一片黑

　　再沒多久就要下班的午後四點，由於客戶端對專案提出的質疑，整個團隊進入了緊急狀態。聽到消息大受驚嚇的 A 猛然地從座位上跳了起來，但卻感到眼前一片漆黑，感覺整個世界都在旋轉，然後就失去意識昏了過去。

　　「A，你醒醒啊！」

不久後恢復意識後睜開雙眼，看到其他組員圍繞在身邊帶著擔憂的表情看著自己。A害怕自己該不會是患了什麼大病，來到醫院就診，可是醫生卻下了令人感到意外的診斷，說是對健康上沒有太大問題的「迷走神經性昏厥」。

昏厥是指因腦部血液突然減少造成暫時性失去意識，無法維持姿勢而昏倒的症狀。昏厥的原因從嚴重疾病到簡單疾病非常多種，因此必須好好鑑別，心臟疾病（心律不整、心肌梗塞、心肌炎、心臟瓣膜疾病等）、癲癇、迷走神經性昏厥、姿態性低血壓、貧血等原因都會引發昏厥。如果是年紀大或糖尿病與高血壓等潛在疾病的人，心臟或腦部發生問題的可能性很高，偶爾也有年輕患者會因為重大疾病而昏厥，因此需要特別注意。雖然對健康沒有太大的威脅，但是在這邊還是要了解一下會引發昏厥的疾病，最具代表性的是迷走神經性昏厥和貧血，尤其好發於年輕女性身上。

🩺 了解與應對迷走神經性昏厥

　　迷走神經性昏厥是一種相當常見的疾病，據統計昏厥的人中有一半以上是因為此疾病而昏倒的。迷走神經性昏厥是在受到壓力或排便、長時間久坐後突然站起來時發生的（姿勢性低血壓也是因為相同原理而發生的）。因為我們身體的血液如果集中往下肢湧去的話，從心臟湧出的血液量就會減少，透過補償作用刺激交感神經系統活性化，促進收縮血管，讓心臟加快跳動以填補不足的血量。但是迷走神經性昏厥的患者在此時卻會與正常反應相反，發生抑制交感神經，促使副交感神經活性化，反而會擴張血管，讓心跳變慢。本來就是暫時血液量不足的情況下，再加上流往腦部的血流量不足就會昏倒。

　　迷走性昏厥可以透過傾斜床檢查來診斷。這個檢查的原理是故意製造可能會誘發昏厥的情況，檢視患者的身體反應，並確認症狀是否會發生。雖然有時也會透過藥物來治療，但是大部分情況都不需要特別的治療，更重要的是避免誘發昏

厥情況發生。如果反覆發生昏厥的情況，就要儘量避免會讓自己可能昏倒的情況（在電車上久站、突然起身等），發生昏厥前兆症狀時，就要立刻坐下或躺下，因為昏倒時頭部可能會撞到地面或是尖銳的稜角。實際上與其說迷走神經性昏厥本身會造成問題，不如說是因為昏厥所引起的挫傷、外傷性腦出血等次要問題可能會造成危險。

缺鐵，貧血

　　昏厥的另一個代表性原因就是貧血，如果是貧血的話，會感到頭暈與疲勞，嚴重的話還會昏倒。雖然貧血有好幾種種類，好發於年輕女性身上的就是缺鐵性貧血。診斷貧血的方式是在抽取血液後，根據紅血球的狀態與紅血球內的血紅素的濃度來判斷，年輕女性的血紅素濃度在 12mg/dl 以下的話，即會被診斷為貧血。血紅素濃度低於這個標準，也不代表全都需要治療，如果在日常生活沒有造成異常就沒關係，但如果在生理期而流失血液的狀態下，或因為減重、其他原

因而無法達到需要的血液量，就會感到頭暈甚至可能造成昏厥。

　　預防缺鐵性貧血的治療方法非常簡單，只要補充需要的鐵就可以了。如果很難透過食補吃富含鐵食物補充鐵的話，吃鐵劑也是有會有所幫助。富含鐵的食物有牛血湯、紅肉、牡蠣、豆類、豆腐、菠菜等，還有儘可能避免食用會妨礙鐵吸收的食物，像是咖啡、茶、含有咖啡因的飲料等會阻礙鐵的吸收，造成貧血狀況惡化。如果靠食物補充鐵仍不足時，可以服用鐵劑，此時最好避免攝取牛奶或其他奶製品，可能的話最好空腹食用。服用鐵劑的話，可能會引起消化不良等副作用產生，症狀嚴重時就要向醫師諮詢。

復健科專科醫師
李宜昌

烏龜頸的各位，
好好照顧你的脊椎！

　　最近英國一個研究小組展現了常坐辦公室上班族的未來面貌玩偶「艾瑪」，而成為話題。就像烏龜一樣往前伸的脖子、嚴重彎駝的背、紅通通的雙眼、胖嘟嘟的身體等特徵，其中最引人注目的部分就是「烏龜頸」。無須等到遙遠的未來，現在我們的周圍就經常能看到許多有烏龜頸的人。烏龜頸很容易發生在長時間使用電腦的上班族，或是經常使

用手機的現代人身上。「烏龜頸」或是「烏龜頸症候群」的名稱其實並非正式的病名，在美國被稱為「簡訊頸（text neck）」（因為傳手機簡訊時低頭的樣子）、「軍人頸（military neck）」（軍人筆直挺著脖子的模樣）或頭頸前伸症候群，個人認為烏龜頸一詞更為貼切。工作時不知不覺將頭往前伸，這模樣和烏龜可說是一模一樣。那麼會引發肌肉疼痛、疲勞、頭痛等各種不適症狀的烏龜頸該如何解決呢？

為什麼會出現烏龜頸呢？

我們常誤以為脊椎會伸展成筆直的一字型，但事實並非如此，正常的脊椎彎曲呈 S 曲線，脊椎骨中最上方的頸椎則是會呈現 C 字型的弧度。但是脖子維持彎曲狀態太久，會造成脖子與肩膀的肌肉負擔，導致頸椎失去正常的弧度，變成一字型或是倒 C 字的型態，這就是我們熟知的「一字頸」或「烏龜頸」。

✳ 正常頸、一字頸、烏龜頸的頸椎型態

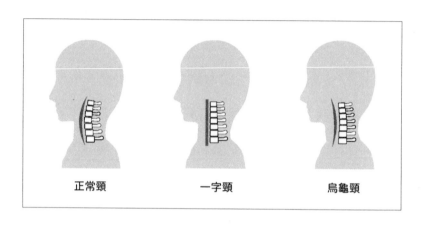

| 正常頸 | 一字頸 | 烏龜頸 |

　　頸椎的 C 字曲線具有支撐頭部的重量，並分散衝擊力的作用。一旦頸椎失去應有的弧度，緩解衝擊力的能力就會下降，帶給填在頸椎之間的軟骨（椎間盤）負擔，因此可能會造成頸椎間盤突出、退化型頸椎疾病、刺激腦後神經，引起頭痛等多種問題。

　　只要是長時間坐在書、電腦前讀書、工作的人，都一定曾經有過脖子後方與肩膀周圍肌肉僵硬的痠痛。成人站立時脖子承受頭部重量約為 5 公斤，但是根據低頭的程度，對脖

子施以的負荷會大到 27 公斤左右，低頭的角度越大，對脖子造成的負荷就越大。如果以這樣錯誤的姿勢長時間支撐比平常更重的重量，疲勞就會漸漸累積在脖子、肩膀肌肉、肌腱、韌帶上，導致肌肉變得僵硬而產生慢性疼痛。也就是說，烏龜頸是一種因為錯誤姿勢，導致脖子周圍肌肉過度收縮而產生的肌肉不均衡狀態。

✳ 低頭角度與頸椎所承受的重量

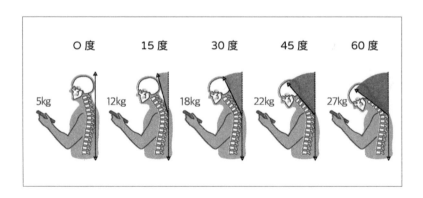

烏龜頸，從生活習慣開始改變

如果要矯正烏龜頸該怎麼做呢？烏龜頸與使用電腦時將頭往前伸，或是長時間低頭滑手機等生活習慣有密切關連，現在就讓我們來了解日常生活中可以輕易上手預防烏龜頸的方法吧。

長時間使用電腦的話，姿勢會不自覺地彎曲，此時可以把電腦螢幕放得比眼睛高度稍高一點，這樣脖子和肩膀就會自然地舒展開來。使用手機或看書時，重要的是置手機與書於眼睛高度。螢幕與眼睛保持 40 ～ 50 公分左右的距離，請使用符合自己體型的椅子與腰部靠枕、扶手、滑鼠墊，保持正確的姿勢。使用手機或平板電腦時，最好訂下使用時間。玩手遊或看影片會因為集中專注力，很容易不知不覺變成低頭的姿勢，所以要儘可能避免長時間使用。躺著的時候，要避免對脖子造成負擔的高枕。如果以坐姿入睡，脖子會往前低垂，帶給脖子的肌肉、韌帶、肌腱很大的負擔，因此推薦使用攜帶式頸枕來支撐脖子，我自己搭長途飛機時也一定會

戴上頸枕。

　　如果是因為工作而需要長時間久坐的人，最好一個小時至少要休息 10 分鐘。休息時，可以輕輕伸展脖子和肩膀，對預防烏龜頸會更有效果。如果現實狀況連一小時休息 10 分鐘都很難做到的話，就試著原地站起來工作一會吧，因為站立時，對脊椎施加的壓力比坐著時少 1.5 倍以上。對著鏡子看自己矯正姿勢也是很不錯的方法，將鏡子放在旁邊以正確姿勢站著後，仔細觀察鏡中的自己，確認自己的脖子往前伸的程度，直接調整看看。

何時何地都能輕易上手的復健運動

　　現在再更具體介紹烏龜頸的復健運動。首先為了解決脖子周圍肌肉僵硬而出現的疼痛，我們需要放鬆脖子與肩膀肌肉的運動。久坐長時間使用電腦的話，至少每 30 分鐘要將脖子往後仰伸展一次。當脖子緩緩往後仰的同時，將兩肩的肩胛骨也往後拉，儘可能將肩胛骨拉攏靠近，使胸部舒展即

可。在儘可能的舒展的狀態下維持5秒後，恢復到原本姿勢。重複這樣的舒展動作對放鬆脖子、肩膀周圍的肌肉，以及緩解疼痛有很大的幫助。

如果要防止烏龜頸惡化成頸椎間盤突出或其他退化型頸椎疾病，就必須同時進行強化頸部肌肉的運動。通常提到烏龜頸的話，就只會想到周圍肌肉僵硬，必須經常做伸展運動，但實際上位於脖子深處的肌肉並非僵硬，而是會被拉伸，所以強化運動是必要的。

最具代表性的運動是「下巴下壓運動（Chin tuck exercise）」，這個動作不管是站著、坐著、躺著都能做，感覺有人把頭髮往天花板上拉，將下巴往胸口方向壓下去維持10秒，恢復休息姿勢10秒，連續反覆這組動作三次，最好每天至少做三次以上，有空就做吧。還有與下巴下壓運動的變化運動，把球放在牆壁與額頭之間，用額頭推球的運動。這個運動是用額頭推球的同時，將下巴往胸口方向拉的動作，兩者的原理是相同的。透過這樣的運動強化脖子的肌肉，可以控制肌肉使頸椎不往前傾。

我在二十多歲時因為嚴重的烏龜頸而有了「忍者烏龜」的綽號，但是照著之前說明的矯正生活習慣、實踐復健運動，現在整個人就像是重生了一樣，建議大家試著做做看。不管是誰，只要堅持不懈持續實踐，一定可以看到巨大的成效。

AM
PM 08:00

上班族下班了

今天也辛苦了

復健科專科醫師
李宜昌

下班路上，
有如鐵塊般沉重的雙腿

結束了忙碌的一天，你走在下班的回家路上，心情很輕鬆，雙腿卻很沉重。坐在椅子上按摩雙腿，雙腿似乎比早上更腫，而且不知道哪裡有種發麻的感覺。回顧一下今天，好像也沒做什麼過度負擔的事情。

「一整天都坐著，為什麼會像走了很久的路一樣，雙腿這麼累呢？」

工作需要久站的人經常感到腿部浮腫或痠痛，但一整天都在坐辦公室的上班族裡，到了下班時間時也雙腿浮腫的人並不少見。明明沒有長時間站著或走路，只是舒服地坐著，為什麼腿會這麼腫，甚至覺得痠痛呢？

腿部也需要循環

腿部腫脹最常見的原因就是靜脈血液循環不良，從我們心臟流出的血液透過動脈擴散到全身，透過靜脈再次回到心臟進行循環。靜脈的特點是彈力比動脈差，靜脈裡的瓣膜則是用來防止血液逆流的結構。如果瓣膜無法正常發揮作用，造成一部分血液無法送回心臟，因為重力的關係而積在腿部，這種狀態就稱為「靜脈血液循環不良」。如果腿、腳踝、腳經常浮腫、小腿經常發麻或抽筋，或是腿部感到沉重、疲勞，可以合理懷疑是靜脈血液循環不良造成。

靜脈血液循環不良可能會發生在罹患高血壓、糖尿病等對血管有不良影響的慢性病患者，又或是肥胖、有家族病史、

孕婦、吸菸者、高齡者身上。就像是久站或久坐一樣，長時間保持同樣姿勢的人，也很容易患有靜脈血液循環不良。如同常聽到的，經常穿壓迫腿部的緊身牛仔褲或是高跟鞋也可能導致這種狀況。以季節為基準，由於溫度高會讓腿部血管擴張，所以夏天更常發生或惡化。

如果靜脈血液循環不良無法獲得改善，且狀況長期持續，原本應該從下往上流的血液淤積在腿部，就會造成血管擴張，惡化成「下肢靜脈曲張」。下肢靜脈曲張又稱為「靜脈瘤」，從名稱中的「瘤」就可以知道，因為腿部靜脈腫脹，目視就可以看到像瘤一樣凹凸不平。但是下肢靜脈曲張也有血管表面看起來不明顯的情況，因此需要特別注意。因為靜脈曲張一旦發生了就只會持續惡化，因此及早發現、及早治療是非常重要的，只有在初期接受治療才能保留靜脈瓣膜的功能。

如果不只是腿部浮腫，手、全身、臉等其他部位也同時發生浮腫的話，則要考慮其他原因，因為止痛藥、類固醇藥、血壓藥、糖尿病藥等藥物也會引起浮腫。又或是心臟、腎臟、

甲狀腺或肝等出現問題時，也可能會發生浮腫，因此會需要進行基本的檢查。

減緩腿部浮腫的生活習慣

　　如果放任靜脈曲張不管，可能會引起疼痛和併發症。那我們該如何預防呢？首先，最重要的是「不要長時間維持同樣姿勢不動」。長時間站立的人容易發生靜脈血液循環不良的情況，最好有空的時候站著的時候做踮腳尖運動，踮腳尖是可以運動小腿肌肉，使小腿肌肉靜脈收縮，促使血液輸送到心臟的運動。這個原理是隨著小腿肌肉收縮，形成天然的靜脈泵浦，幫助血液循環。久坐的人至少每隔一小時要從位置上站起來，做些簡單的伸展運動，就算是稍微走走也好。接著要改掉有礙血液循環的生活習慣，最好不要經常穿緊身牛仔褲、緊身內搭褲、太合腳的鞋子或鞋跟太高的鞋子，也必須要改掉翹二郎腿的習慣。可以考慮穿預防靜脈曲張的壓力褲襪，睡覺時把枕頭放在腳踝下，讓腳高於心臟的位置，

有助於消除浮腫。偶爾有人會為了消除浮腫及緩解痠痛，而熱敷腿部，但是高溫會降低靜脈的彈性，可能使症狀惡化，所以要特別注意。

Q 聽說如果不消除腿部浮腫的話腿會變粗，是真的嗎？

A 這並非事實，通常腿部浮腫是由於血液循環不良而產生，與肥胖無關。比起減重，為了血管健康，更需要減緩腿部浮腫的生活習慣，或是適當的治療。

Q 坐著工作一整天，回到家中雙腿水腫得厲害，有沒有在家中可以簡單消除腫脹的方法呢？

A 要矯正導致血液淤積在腿部的原因，為了促進血液循環要抽空多動動，在家裡可以把腳放在椅子上，讓腳放在高於心臟高度的地方，用手輕輕按摩小腿，可以有效去除浮腫。

復健科專科醫師
李宜昌

因為穿高跟鞋，
腳拇趾外翻又好痛

　　「如果在公司也能穿輕鬆的衣服和舒適的鞋子的話，那
該有多好？」

　　從早到晚穿著皮鞋生活，感覺體力更急劇下降。這次新
買的皮鞋剛好合腳，腳似乎更脹更痛了。回家脫下鞋子一看，
果然不出所料，腳拇趾又紅又腫。大家都知道鞋跟又高又硬
的鞋子對腳不好，但是對我們的身體究竟會有什麼影響呢？

🩺 你的腳姆趾歪了嗎？

　　像高跟鞋一樣鞋跟高、鞋頭窄又硬的鞋子，對腳部健康有相當不好的影響，因為不只會引發腳跟疼痛，還可能會引發又名「高跟鞋病」的拇趾外翻症。拇趾外翻症是腳拇趾歪向第二根腳趾方向而引發疼痛，造成腳部畸形的疾病。好發於女性，如果是在 20、30 幾歲出現的話，很可能是因為遺傳因素所造成；但 50 歲以上發生的話，很有可能是因為年輕時穿鞋頭窄且不舒適鞋子而產生的後天因素，因此要趁年輕時提前保養足部健康。

　　就像是尖頭皮鞋形狀一樣，穿著腳趾往內擠壓的皮鞋是造成拇趾外翻的代表性原因。穿高跟鞋的話會讓重心集中在腳掌前部，對腳趾造成負擔，使拇趾外翻更加惡化。最好穿著適合自己腳的大小，柔軟且舒適的鞋子。如果腳趾變形且該部位感到疼痛的話，應該要照 X 光檢查以獲得正確的診斷，在醫院透過 X 光檢查後，醫師會根據大拇趾腳骨向第二腳趾彎曲的角度進行診斷。但是就算已經有很大的變形，也不一

定非得要動手術不可，所以即使看到已經彎曲的腳趾，也不需要太過洩氣。就算嚴重變形，但只要不覺得疼痛，就不需要動手術。手術與否是根據是否有炎症或疼痛來決定，除此之外，也有人是基於美觀而決定動手術。術後一兩天就可以用腳後跟走路，三到五天後就可以出院，一個月後就可以散步了。

拇趾外翻症，最棒的治療就是預防！

如果拇趾外翻已經發生，初期疼痛可以服用止痛消炎藥，以及透過溫熱水足浴按摩 20 分鐘來改善。因急性炎症而疼痛嚴重時，可以將腳泡在冰冷水中做冰涼足浴。在網路上有許多關於治療拇趾外翻的資料，雖然介紹了很多拇趾外翻的護具、矯正器、輔助繃帶療法等，但是嚴格來說，這些方法都無法讓已經變形的腳趾再度恢復正常，對此在相關研究文獻裡仍然存在爭議。如果存在完美的治療方法或預防方法，當然應該好好利用，但實際狀況並非如此，因此才會出

現各種不同的預防與治療方法。最近為了提高點擊率，很多影片或輔助器相關廣告中加了刺激誇張的標語，彷彿不用動手術也能治療拇趾外翻。這些影片或廣告中包含了錯誤的醫療訊息，也是造成治療效果不佳的原因之一，希望各位讀者不要盲目相信不正確的治療方法。

因為要進行治療相當困難，所以在拇趾外翻症發生之前的預防是非常重要的。最好的預防方法，就是穿適合自己腳大小的鞋號，寬鞋頭、低鞋跟舒適的鞋子。如果不得不穿高跟鞋或皮鞋時，最好在中途找時間脫下鞋子按摩一下腳部，讓腳有休息的時間。另外作為參考，有一種夾在腳的大拇指與第二根腳趾之間的腳趾分離器，或功能型鞋墊可以用於減輕疼痛、減緩拇趾外翻惡化情況，但這些都是以預防為目的，矯正效果有限。

天才藝術家兼解剖家，李奧納多‧達文西曾說過：「腳只佔了人體的 2% 的一小部分，但卻承受了 98% 的體重，是人體工學史上最傑出的傑作和藝術品。」腳位於我們身體最低的部分，且負責最辛苦的工作，但卻扮演著最重要的角色、

身心科專科醫師
李宜爽

隔壁的同事
為憂鬱症所苦

「最近心情真的糟透了。」

「怎麼了？發生什麼事了嗎？」

「沒有，就莫名其妙一直掉眼淚。」

「該不會是憂鬱症吧？」

　　成為醫師後，身邊的人生病時就會經常聯絡我，問我該

怎麼辦才好。這時，我通常會平靜地回答「這程度的話很快

就會好，不用太擔心」。他們聯絡我的理由並非不知道受小傷要消毒、肌肉痠痛要吃止痛藥，而是想要找一個可以了解自己傷痛的人。心裡的傷痛也是如此，人們都希望有人可以理解自己低落的心情，因此周圍的人如何對待這份痛苦是非常重要的的。

當對方說自己心情很低落時，我們可能會在無意間脫口而出：「你該不會是得了憂鬱症吧？」但是這樣的判斷是需要相當謹慎小心的。對於憂鬱症的診斷，必須根據國際通用的診斷標準來診斷。例如兩週以上每天持續憂鬱的心情；或是對所有事情都失去興趣等九種症狀中符合五種以上症狀，日常生活功能發生問題時，身心科（精神科）的專科醫師才會做出憂鬱症的診斷。但是因為這種標準是一種綜合判斷，因此會排除個人是在什麼環境下成長、在公司是因為什麼問題而心情不好、平時的個性與人際關係、面對壓力的應對方式等之間存在的差異性。認為在職場上被主管責備、被解僱的人、失戀的人、朝著夢想努力卻失敗的人都有憂鬱症的想法是一種偏見。暫時放下「憂鬱症」的外殼，將對方視為一

個獨立個別的存在，當你可以理解對方本身，就能傳遞真正的安慰。

不忽略對方痛苦的勇氣

工作一段時間後，有時候會陷入自我懷疑，覺得疲勞無力、就快倒下的低潮期。如果是輕微感冒程度的話，和同事們吐吐苦水，訴說自己覺得委屈的情況就能紓解情緒。但是有時候會覺得自己就像是被逼到角落，人際關係彷彿崩塌，未來也一片黯淡無望，思考這樣活下去到底還有什麼意義，甚至想要一死了之。如果身邊的同事說出「想死」的話，這個人到底有多痛苦呢？很難知道他是認真想要自殺？還是正在計劃如何去死？還是單純只是「快累死了」？問了又怕多此一舉而猶豫不決。這種時候要對他說些什麼才好？其實這些問題的答案比想像中的還要簡單：仔細且詳細地詢問對方的心情，直到自己理解為止。只有這樣做才能稍微明確瞭解對方的痛苦，找到幫助對方的道路。

你可能會認為仔細詢問對方的心情未免太失禮，或多管閒事，但相反地，你可以想想：當自己感到困難的時候，你會喜歡別人為自己著想、試著了解自己的痛苦，還是漫不經心忽略自己的痛苦呢？只要這樣想，就能知道其中的差異。痛苦寂寞時，沒有什麼比身邊親密的朋友、同事無法理解自己更讓人心酸了。即使自己沒說出口，但如果能有人好奇並理解自己的痛苦，也能讓人產生重新站起來的力量。越大的煩惱就越難說出口，如果能察覺對方的痛苦、開口詢問，就能讓對方感受到溫暖的關懷。

　　舉個實際的例子，如果我們對經常被頂頭上司不斷責罵，而陷入憂鬱情緒的同事這樣說：「我知道你很累啊，但你就是要這樣做，老闆才比較不會找麻煩吧？你就是這個部分做得不夠好，試試看這樣做吧。」不管任誰來看，都不會認為這是一種真正的安慰。該說什麼並不重要，比起該向對方說些什麼，更重要的是不忽略對方好不容易說出口的痛苦，真心傾聽的關懷與勇氣。

⚕ 以關心與理解為基礎的「真正共感」

當然大部分的人在一開始都會真心傾聽對方的苦衷，可是聽著聽著，聽到用自己常識無法理解的部分，很多人內心會產生問號，但是又擔心自己提出不同的意見會讓對方受傷，選擇閉口不談；之後漸漸地假裝認真傾聽，沒有靈魂地點著頭。但人是一種情感的動物，所以就算是基於良好的意圖忍耐和傾聽，話者也一定會察覺對方感到無聊。如此一來，為對方著想的心意反而使彼此的關係變得疏遠。

這時候建議的方法就是「問問題」。當不能理解對方的言行時，就要謹慎小心詢問；問到自己理解為止時，對方也會發現自己未曾發現的部分，重新檢視情況。這時候，心靈的治癒就開始了。只要雙方在這樣的循環裡持續對話，傾聽一方也可以漸漸理解情況，同時也可以真正深入感受與認同對方的情緒、態度。原本難以展現在他人面前緊鎖在心中的真心話，在真摯的共感面前也會敞開心房，而獲得共鳴的人會感受到前所未有的寧靜安全感。

如果沒有真正理解對的情況下，很容易說出「很累吧、加油、一切會好轉的」等多少有些陳腔濫調的話，也會使原本打開的心房再度關上。身心科醫師在諮商時需要的最基本要素就是共感，共感是透過經驗來學習、鍛鍊且熟悉的，只要對對方帶著正確的關心與努力，不管是誰都可以做得到。人們經常問我，身為身心科醫師，每天都會聽到內心痛苦的人的談話，會不會一起也陷入憂鬱？但是很多情況是與此相反的，輕敲對方的心房，反而讓傾聽的我獲得療癒與共鳴。這是從在大學醫院裡接受專科醫師訓練時就一直有的感受，以關心與理解為基礎的共感，造就雙贏的局面。

我也得了憂鬱症嗎？

不管是誰，在面對巨大壓力的情況下，都會感到壓力且疲憊，但是憂鬱症與暫時的憂鬱情緒是完全不一樣的。那麼要嚴重到什麼程度才該去身心科就診，接受專科醫師的治療呢？有些人因為處於相當在乎他人眼光的文化、職場中，擔

心如果被別人知道可能帶來壞處等各種原因，而抗拒到身心科就診。因此也曾發生已處於自殺高風險的重度憂鬱症患者，在親友已經很難繼續照顧的情況下，才被強制帶來醫院，那時竟然才是這些患者初次到醫院就診。雖然沒有明確的標準訂定出現哪些症狀就一定要到醫院就診，但是不管是什麼疾病，都沒有比預防更好的治療方法，建議在憂鬱症變得太過嚴重之前來院就診。如果自己很難判斷，也可以進行簡單的自我診斷。以下是身心科經常使用的憂鬱症標準測量「貝克憂鬱量表（Beck's Depression Inventory，BDI）」，由 21組題目所組成。請你回想過去兩週的心情，選擇符合自己的情況的敘述，將相應分數加總起來即可。

✳ 憂鬱症自我診斷（貝克憂鬱量表）

分類	題目	分數
❶ 悲傷	我不太覺得悲傷。	0
	我有時覺得悲傷。	1
	我總是覺得悲傷。	2
	我實在太悲傷，覺得自己很不幸，無法再支撐下去。	3
❷ 悲觀主義	我對未來不感到氣餒。	0
	我覺得比起過去，未來比較不具希望	1
	我不期待自己的未來會好轉。	2
	我覺得將來沒有什麼希望，所有情況會一直繼續惡化。	3
❸ 過去的失敗	我不覺得自己是個失敗者。	0
	我比想像的經歷過更多失敗。	1
	回顧過往人生，我總是一直失敗。	2
	身而為人，我是一個徹底的失敗者。	3
❹ 喪失快樂	我像以前一樣，做自己喜歡的事情時會感到快樂。	0
	不同於過往，做事時不像以前一樣那麼開心。	1
	不同於過往，在事情中幾乎感受不到快樂。	2
	不同於過往，不管做什麼事情都不覺得快樂。	3

❺ 愧疚感	我沒有什麼特別的愧疚感覺。	0
	對我曾經做的事或做不到的事而感到愧疚。	1
	我時常有愧疚的感覺。	2
	我總是有愧疚的感覺。	3
❻ 被懲罰的 感覺	我不覺得有受到任何懲罰。	0
	我覺得或許我會受到懲罰也說不定。	1
	我覺得我會受到懲罰。	2
	我覺得我現在正受到懲罰。	3
❼ 自我憎恨	我對自己的感覺一如往常。	0
	我對自己失去信心。	1
	我對自己感到失望。	2
	我對自己感到厭惡。	3
❽ 自我批判	我比以前不再那麼責備或批判自己了。	0
	我比以前更加經常責怪自己。	1
	我認為自己犯的錯全都是我的錯。	2
	如果發生不好的事情，我會覺得全都是我的錯而責怪自己。	3
❾ 自殺想法 與意圖	我沒有自殺的念頭。	0
	雖然我曾有自殺的念頭，但不會真的付出行動。	1
	我想要自殺。	2
	只要有機會我就會自殺。	3

⑩ 哭泣	比起以前我不常哭。	0
	比起以前我更常哭。	1
	就算是小事我會也哭。	2
	我連想哭，卻連哭的力氣都沒有。	3
⑪ 焦躁	我比以前更不覺得焦躁或緊張。	0
	我比以前覺得更焦躁和緊張。	1
	我太焦慮，很難待著不動。	2
	我太焦慮，所以必須一直做些什麼才行。	3
⑫ 失去興趣	我對人事物的興趣沒有改變。	0
	比起過去，我對人事物的興趣減少了許多。	1
	我對人事物的興趣大幅減少。	2
	任何事物都很難引起我的興趣。	3
⑬ 優柔寡斷	我像以前善於做決定。	0
	我很難像過去那樣做出決定。	1
	我無法要像過去一樣做出決定。	2
	我很難做出任何決定。	3
⑭ 無價值感	我不覺得我是無價值的人。	0
	我覺得自己像不以前那麼有價值和有用了。	1
	和別人比起，我覺得自己是無價值的人。	2
	我覺得自己是一個徹底無價值的人。	3

⓯ 失去動力	我的動力和過去差不多。	0
	我的動力比過去差。	1
	我的動力比過去差很多。	2
	完全沒有動力，什麼事都做不了。	3
⓰ 睡眠情況 變化	我的睡眠情況沒有變化。	0
	比起以前，我睡得比較多 or 少一些。	1
	比起以前，我睡得要來得多 or 少很多。	2
	我幾乎一整天都在睡覺 or 比起早一～兩個 小時醒過來後，就很難再入睡。	3
⓱ 煩躁	我沒有比以前更容易覺得不耐煩。	0
	比起以前，我比較容易覺得煩躁。	1
	比起以前，我覺得非常煩躁。	2
	我總是覺得非常煩躁。	3
⓲ 食慾變化	我在食慾上沒有變化。	0
	比起以前，我的食慾有些降低 or 增加。	1
	比起以前，我的食慾降低 or 增加許多。	2
	我幾乎沒有什麼食慾 or 對飲食的慾望變得 越來越強烈。	3
⓳ 難以集中 專注力	我像以前一樣可以很集中專注力。	0
	我沒辦法像以前一樣集中專注力。	1
	我不管做什麼事都很難集中專注力很久。	2
	我不管做什麼事都無法集中專注力。	3

⑳ 疲勞感	我跟平時一樣，不會覺得特別疲勞。	0
	我比平時更容易覺得疲勞。	1
	幾乎做任何事都會讓我感到疲勞。	2
	我累到不想做任何事。	3
㉑ 喪失對性的興趣	我對性的興趣並沒有特殊改變。	0
	比起以前，我對性的興趣稍微減少。	1
	我最近對性的興趣明顯降低許多。	2
	我完全失去對性的興趣。	3

選擇符合自己情況的敘述，將各個分數加總後，總分在 14 分以上的話，就是處於輕微憂鬱狀態，需要旅行或運動來努力轉換心情。一般認為總分達到 20 分以上，就需要接受專家幫助。當然所謂的情緒，也會根據情況會有所變化，因此問題是不能靠片面來判斷的。你可以參考自我診斷量表，如果覺得自己很難獨自克服這些情況，隨時都可以去醫院接受諮詢幫助。

🩺 憂鬱症治療是如何進行的？

去到醫院之後，基本上會透過面談和檢查來診斷症狀的嚴重性，根據症狀的不同，也可能會開立抗憂鬱藥物或精神安定劑等藥物處方。憂鬱症曾經一度被認為是因為心靈創傷所造成的疾病，但是經過許多研究發現，不只是過去的心理創傷，大腦神經傳遞物質的不均衡也會引發憂鬱症。抗憂鬱藥物可以平衡血清素或正腎上腺素等神經傳遞物質的均衡，對減少憂鬱感有很大的幫助。有些人可能很忌諱服用藥物，但是大部分身心科的藥物沒有依賴性與抗藥性，所以不用害怕。最常見的副作用是胃部不適，其他副作用也很罕見，但即使有也不是很嚴重的程度。

除了身心科醫院以外，還可以在保健福祉部營運的國立精神健康中心免費接受諮詢。[1] 精神健康中心一般由該地區（市、區）保健所管理，為增進地區居民的精神健康，提供

---

1 在台灣可洽詢各地心理衛生中心。

了身心健康檢查工作與諮商、醫院諮詢服務、個案管理、自殺防治、兒童、青少年身心健康管理等多種工作業務，需要時隨時都可以尋求協助。

加班時，
有空就伸展一下吧

「竟然已經這個時間了……」

一看時鐘竟然已經超過 8 點了，但要做的事情還堆得跟山一樣高，今天又得要加班了。雖然想要趕快下班休息的心情極為迫切，但又能怎麼辦呢？公司的小螺絲釘今天也要努力工作才行。不知道是不是因為最近開始做新的運動，身體也覺得很沉重；又或是因為晚餐吃得太急，無法忍受的倦睏

之意襲湧而來。從早到晚一直坐著工作，從脖子開始，肩膀、腰、腿，沒有一處不覺得痛，就像得了流感一樣，渾身上下疼痛不已。

　　不管是好姿勢或壞姿勢，只要是長時間保持同一姿勢的話，肌肉就會萎縮僵硬，產生疼痛。支撐脊椎的肌肉或韌帶部分變弱、緊張，都可能會讓脊椎的排列受損。另外，如果長時間都坐著不動、沒有活動，自然也會導致發胖。而體重增加，帶給脊椎的負擔就會增加，也會帶給關節負擔。由於這些綜合的原因，工作之後身體會覺得沉重疼痛，因此工作時，最好有空就動一動身體。如果工作性質讓你實在沒有時間活動的話，至少一個小時要站起來一次，伸伸懶腰或深呼吸，做做能夠充分舒緩放鬆僵硬肌肉的伸展運動。伸展運動不僅能舒緩緊繃的肌肉，同時也能緩解僵硬的關節，對肌肉骨骼系統疼痛有很大的效果。接著介紹幾個在工作中可以抽空做的有效伸展運動，一起試著動一動你的身體吧。

🩺 坐著也能做的肩膀與腰部伸展

第一個要介紹的伸展運動，是有助於改善脖子後側、肩膀及背部痠痛或疼痛的運動。首先，儘可能放鬆身體，調整呼吸，讓手肘儘可能貼近身體的狀態下抬起雙臂，彎曲成 90 度，將胸部擴張到極限，使兩側肩胛骨儘可能互相貼近。此時，頭輕輕往後仰，無須勉強過度後仰太多，只要在不覺得疼痛的範圍內自然後仰即可。維持這個姿勢 3 ～ 5 秒後，再回到一開始的狀態，每次做這運動重複五次即可。每 30 分鐘至一小時做一次該伸展運動，不僅可以預防烏龜頸，也可以預防後頸及肩膀肌肉僵硬。

✳ 背部和肩部伸展

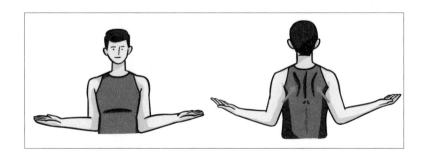

接著是簡單的腰部伸展，首先屁股先貼緊椅子坐好，雙手十指交握往頭上方伸直。保持手臂伸直的狀態下敞開胸口，輕輕向後仰，讓腰彎成 C 字型。保持 5 ～ 10 秒後回到最初的姿勢，然後重複這個動作數次。這兩個伸展動作是在坐著的狀態下可以輕鬆做，而且效果也很好的伸展運動。

利用牆壁做的伸展運動

再次強調，最好的方法還是暫時從位置上站起來走動一下，自然使用小腿肌肉，幫助血液循環。使用沒用到的肌肉緩解緊張的肌肉，也有助於減輕關節或肌肉的負擔。如果稍微有點空間的話，利用牆壁做伸展運動也是很不錯的選擇，可以靠在牆壁做深蹲或手扶著牆壁伸展大腿後肌和小腿肌肉。

✳ 利用牆壁做深蹲（左圖）和大腿後肌伸展（右圖）

　　雙腿張開至肩寬站著，背部靠著牆壁。此時，臀部、兩側肩胛骨、頭部都要貼著牆面，然後彎曲膝蓋，使大腿與地面平行，保持腹部稍微用力，背部舒展的狀態。維持 5 ～ 10 秒後，重新站直，最好蹲下去維持的時間能漸漸拉長。這個運動推薦給要直接深蹲有困難，或是膝蓋感到疼痛的人，可在空閒時間進行。

接著是舒展後腿肌肉的大腿後肌伸展方法。用雙手扶著牆壁，一腳往前、一腳往後站出弓箭步，後腿膝蓋完全伸直，以舒展小腿肌肉和大腿後肌。

　　偶爾有些人覺得做伸展運動時，要聽到骨頭發出「喀喀喀」聲音才會舒服，而做出過度的動作，但是這是錯誤的方法。骨頭會發出聲音的理由是因為關節錯位，骨頭之間發生摩擦，如果故意重複這樣的動作，摩擦部位的骨頭會過度生長，可能會發生關節炎，所以要特別注意。

AM
PM 08:80

上班族的夜晚

今天也要學著好好休息
（feat. 應付加班和公司聚餐）

內科專科醫師
李應顯

今天公司聚餐，
again

「今天晚上大家一起吃個飯吧？」

好不容易結束了漫長的公司工作，今天 A 仍然沒辦法準時回家。雖然經歷新冠疫情大流行後，公司聚會已經減少了許多，但是因為本來就很喜歡聚會的組長，A 還是經常得參加聚餐。即使內心已經歸心似箭，只想要躺在家裡休息，但是今天 A 和其他組員仍被拉到了餐廳。烤盤上放上了五花肉，

整張餐桌擺滿了燒酒和啤酒。A本來就不太會喝酒，但是自從開始上班後，因為公司很常聚餐，又得看長官臉色不得不喝個幾杯，因此酒量也增加了。但是隨著酒量增加，皮膚老化，肝也會疲勞，A在上個月接受健康檢查，說肝指數上升了，雖然醫生說沒有其他特別的肝病，但酒精是主因的可能性很大，要他少喝點酒。但這哪是件簡單的事呢？雖然A心想「現在還年輕，應該沒關係吧」，想要裝作沒事，但是心裡還是覺得有疙瘩。現在讓我們仔細了解一下，酒精對身體會產生什麼樣的影響吧。

你的肝，還好嗎？

韓國人每年在酒精的消費量是 9 公升左右，在 OECD 國家中名列前茅。根據調查，近一年內每個月喝超過一次酒的成年男女比例，在過去十多年裡持續增加，在 2015 時男性已達到 72.5%，女性是 46.5％。光看數字就可以看出國人的飲酒量很大，因此飲酒所引起的疾病或健康問題的人也越來

越多。[1]

　幾年前曾流行過一天喝個一、兩杯酒有益健康的說法，但目前已被證實並非如此。2008 年國際癌症研究機構發表的〈運動、肥胖、飲食習慣與癌症相關報告書〉中主張，即使每天只喝一、兩杯少量飲酒，也會增加癌症發生率，並不存在什麼「飲酒安全量」。從多數國外研究就可以看出，酒精本身就是增加誘發癌症的危險因素。雖然有一部分研究表示馬格力（韓國傳統米酒）和紅酒有預防癌症的效果，但這樣的效果是來自酒中其他副產品，酒精本身並沒有預防癌症的效果。也就是說，酒精終究對我們身體沒有特別的好處。

　酒精是一種非常容易成癮的物質，不僅會提高癌症發生率，也會提高腦中風、心臟病發作的可能性，也會導致酒精性失智症等類似疾病，造成神經系統異常。但是其中最大的問題就是「肝」，酒精中的乙醇由肝臟分解，分解過程中會

1　編注：根據台灣國民健康署國民健康訪問調查結果，我國 18 歲以上人口飲酒率在 2017 年為 43%，推估約有 843 萬飲酒人口。

產生致癌物質乙醛，對肝臟造成損傷。酒無論喝多還是喝少，只要攝取酒精就會造成肝臟損傷，因而可能導致酒精性脂肪肝發生。如果脂肪肝的情況持續下去，就會增加罹患酒精性肝炎的可能性，嚴重時還會發展成肝硬化。所謂的肝硬化，指的是因發炎導致肝臟變硬的疾病，一旦發生肝硬化，就很難讓肝臟恢復健康，因此要小心。但是即使發生肝硬化，也不會立即出現症狀，因此如果忽視健康檢查，可能就不知道自己肝臟已經受損，而導致病情加重。不是有句話是這麼說的嗎？「肝是沉默的器官」，如果發展成肝硬化，肝癌發病率也會急劇增加，引起腹水或併發食道靜脈瘤而導致死亡。

雖然不能說所有喝酒的人，都會得到酒精性肝病，因為肝臟的解毒能力有很大部分會受到遺傳影響。即使喝下同等份量的酒，有些人會罹患肝疾病，有些人卻不會。但有一點可以肯定：不管一個人原本肝臟有多健康，如果持續長時間飲酒，都無法避免酒精性肝病。那麼有沒有什麼辦法，可以從特定症狀判斷是因為酒而引起肝臟疾病呢？遺憾的是，在肝臟惡化前並不會有什麼特別的症狀，只是可能會稍微覺得

疲勞或消化不良，都是難以察覺的症狀。正因為直到發生肝硬化為止，都不會有異常症狀，因此更要特別注意。

🩺 非得喝酒的話，就這麼辦！

治療酒精性肝臟疾病的方法非常簡單，就是立刻戒酒。像梧露灑[2]這種肝功能改善藥劑並無法解決根本原因，因此服用後雖然可以降低肝數值，但無法達到治療的效果。雖然藥物治療有助於維持戒酒，但並不能完全治療疾病。不過，也不是完全毫無希望。即使病情已經相對嚴重，只要減少飲酒或是完全戒酒，肝功能和組織還是會好轉，長期來看仍然可以降低死亡率。雖然戒酒很重要，但是也千望別忘記要好好攝取營養，因為依賴酒精的人常常光顧著喝酒，導致恢復身體及肝臟所需的營養不足，因此營養均衡的飲食與攝取水分是非常重要的。

---

2 譯註：韓國大熊製藥公司所生產的治療肝臟疾病保健食品名稱。

如果遇上非喝不可的情況，請熟記以下內容。只要照著這樣做，就能大幅守護你的肝臟健康。肝病沉默卻可怕，希望大家都能夠提前好好照顧我們的肝，讓自己的健康不留遺憾。

第一點，飲酒時，儘可能控制少喝。酒精的攝取量是非常重要的，因此要減少飲酒量。

第二點，拉長飲酒的間隔時間。雖然一次喝的量很重要，但是喝酒的頻率也是非常重要的，如果原本是兩、三天喝一次的話，就延長間隔到一週喝一次吧。

第三點，別只喝酒，也要充分攝取水分。

第四點，不喝酒的吃飯時間，要均衡攝取蔬菜與水果。

第五點，肝功能出現異常信號時，一定要立刻戒酒。

骨科專科醫師
李始映

上班族
到底要什麼時候才能運動？

晚上十點，結束一天工作累成一灘爛泥，什麼都不想做。要說唯一能做的事，就是躺著看看 YouTube，吃些宵夜配杯啤酒，但這樣下去只會越來越胖。下定決心報名的健身房、瑜珈、皮拉提斯早已放棄許久。一開始抱著決心要好好運動，也認真運動了一陣子，但是頻繁的加班與公司聚餐，讓人一旦開始缺席一、兩次後，最初的熱情也消失不見了。從早到

晚努力工作，回到家後吃飯、洗澡，處理該做的事情之後，哪來的運動時間呢？就連心情上的餘裕也被榨乾地一滴不剩了。

難道上班族就沒辦法運動了嗎？並非如此。比起一開始設定多麼偉大的運動計劃，不妨嘗試從生活中可以做到的簡單運動，如此也可以稍微降低下班後一定要運動的負擔感，讓你更容易開始。透過簡單的運動增加基本體力和肌肉量，下班後要開始其他運動也不會太困難。

🩺 時間短效率高的運動：爬樓梯

身為一個上班族，在現實生活中可以馬上實踐的運動首選，就是「爬樓梯」。進辦公室時、下班回家時，不要搭電梯，走樓梯吧。以體重 55 公斤的人為標準，散步 30 分鐘大約只消耗 69 大卡；如果稍微快步健走的話，約消耗 99 大卡；而爬樓梯的話，足足可以消耗 202 大卡。雖然看起來運動量不大，但原本不運動的人只要持續運動，就可以強化下肢肌力，

增加基礎代謝量。下肢肌肉佔我們身體全身肌肉量的 30%，是非常大的肌肉，同時血流量也很大，可以消耗很多熱量，訓練下肢肌肉可以視為減重的基礎工程。著名模特兒韓惠珍曾在節目中提及：「我認為最好的運動就是爬樓梯，可以瘦最多。」而一度引起話題。爬樓梯是在日常生活中輕鬆可以做得到，效果也很好的運動方法。

爬樓梯時要特別注意姿勢，腰部要挺直，視線朝向正面或是 5 度角上方，爬樓梯時，腳最好只有一半踩在樓梯上，大腿肌肉和臀部用力，像推上去一樣地爬。然後手肘 90 度彎曲，用力往前抬起，可以提高運動效果。不過爬樓梯時如果覺得頭暈或腿無力，會有摔落的危險，所以要注意不要過度勉強。突然過度運動可能會對膝關節造成負擔，建議強度可以慢慢提升。

🩺 在公司裡也能做伏地挺身

第二個要推薦的運動是「扶牆挺身」。在公司裡很難做伏地挺身，但卻可以輕鬆扶著牆做扶牆挺身。首先雙臂提高到胸部高度與肩同寬，像壓向地板一樣將身體壓向牆壁，下半身向後退一步做俯臥撐。此時，要維持上半身與下半身一直線，不是靠反作用力，而是在挺直腰部、脊椎起立肌發力的狀態下，以手臂力量做俯臥撐。每次抽空做 15 ～ 20 個扶牆挺身會很有幫助。也可以不靠著牆，扶著桌子也能做。當身體沉重痠痛時，偶爾在位置上深呼吸、做做這個運動，不僅有助血液循環，還可以提高工作效率。

🩺 靠走路運動擺脫弱雞體力

被譽為「醫學之父」的希波克拉底（Hippocrates of Kos）曾說：「走路對人來說是最好的藥。」最後想要推薦的運動就是「走路」，走路是不管是誰、在哪裡都能輕易做到

的運動，如果沒有時間去健身房跑跑步機，那就增加平時走

路的時間，。如果你本來短距離移動都是開車或搭計程車的

話，現在就用走的吧。可以一邊聽音樂或和朋友講電話聊天，

只要一邊聊天的話，不知不覺很快就會到達目的地。

✳ 正確的走路姿勢

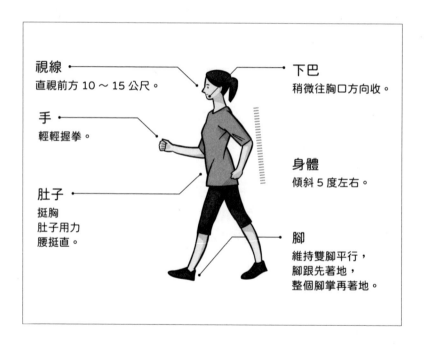

視線
直視前方 10 ～ 15 公尺。

手
輕輕握拳。

肚子
挺胸
肚子用力
腰挺直。

下巴
稍微往胸口方向收。

身體
傾斜 5 度左右。

腳
維持雙腳平行，
腳跟先著地，
整個腳掌再著地。

走路的姿勢非常重要，首先從腰到脖子有豎直脊椎的感覺，挺直腰部與脖子。挺胸的狀態下，視線朝向正面，手臂在身體兩側自然地前後擺動。兩腳腳掌平行，以腳跟，接著腳掌、腳趾的先後順序著地，整個腳掌踩踏地面的感覺來走路。這裡再進一步的話，肚子用力，注意腰部打直的姿勢，腰部肌肉也稍微用力，隨著核心肌肉的強化，也有助於腰部健康。一天至少這樣走 20 至 40 分鐘，就可以擺脫弱雞般的體力了。

+++　　　　**上班族的健康煩惱，就問問醫生吧**　　　　+++

Q 我本來沒在運動，開始運動後覺得實在太累了。照這樣下去，可能體力還沒培養起來就先放棄了。

A 首先光是開始就很值得稱讚了，萬事起頭難，只要開始運動就是成功的一半。雖然體力增加要視個人差異，通常運動的第一週左右反而會覺得很累，但是隨著第二週過去，負擔會漸漸減輕，這就是體力增加的證據，稍微再加油撐下去吧！

Q 聽說要減重要做有氧運動，要增加肌肉量要做無氧運動，那麼兩種運動中哪個更具效果呢？

A 如果想培養肌肉、增加肌肉力量，無氧運動更有效的說法廣為人知，但事實上如果想要減重，有氧運動與無氧運動就要適當地雙管齊下。透過無氧運動增加肌肉量，提高基礎代謝量，並讓有氧運動同時並行，對減重會有更效果。

皮膚科專科醫師
金台翰

在睡覺前以正確的
洗澡方式守護肌膚吧

　　下班尖峰時刻，好不容易擠進了人滿為患的電車裡，但冷氣不夠強，導致汗水不停滑落。你很想脫掉外套，但是卻沒有空間可以脫掉外套，就在汗流浹背的狀態下一路到家。雖然一整天的工作已經讓人精疲力盡，但一回到家你還是馬上去洗澡。和一堆人擠在一起，又流了滿身汗，身體黏答答的，而且一直戴著口罩，臉也非常悶。打開水龍頭，流出不

至於燙熟皮膚的熱水，用毛巾用力搓洗去一身的汗水、汙垢和灰塵，還用網路上推薦的洗臉刷具仔細洗去臉上的髒汙，就連毛孔也不放過。

「這種程度的話，皮膚應該很乾淨了吧？」

這種情況是我們梳洗時經常遇到的情景，但是繼續以這種方式洗澡的話，不僅很難洗去有害的細菌，也會漸漸破壞我們的皮膚。我們洗澡最大的理由，就是要清洗會引發疾病的有害病源細菌，定期洗去自然分泌的老廢、氧化的皮脂和角質，以防止難聞氣味散發。但如果使用了錯誤的方式來洗澡，那不管是細菌還是老廢角質、皮脂都無法洗去。這裡就為你公開既能舒緩一天疲勞，又能洗去細菌及老廢角質，守護肌膚的理想沐浴方法。

何時洗？洗多久才是最好的呢？

早上洗澡好呢？還是晚上洗好呢？直奔結論的話，晚上洗澡比較好。家門外有著各式各樣未知的細菌、黴菌與病毒，

無意識之間摸到的門把、電梯按鈕、偶然間擦身而過陌生人的衣角等，接觸到壞病菌的管道實在太多，其中冠狀病毒是只要與他人對話或待在同一個空間，就會附著在我們身體的各處。因此在外面活動後回到家中，立刻仔細清洗身體是最理想的。

但睡了一覺起來，有人可能會臉部出油，或是頭髮油膩，無法放棄在早晨洗澡。那就建議你早上跟晚上都洗澡吧。在這個時代，好好清洗自己也是一種努力守護自己的方法。頭皮與臉是我們身體中皮脂腺特別發達的部位，皮脂是提供油分，維持皮膚光滑、保護皮膚的成分，但如果分泌過多，就會引發脂漏性皮膚炎或長青春痘。因此皮脂分泌較多的人，一天洗兩次、多的話三次也可以。但如果你是額頭和鼻子的T字部位皮脂較多、臉頰與嘴周邊U字部位皮脂較少的混合性皮膚，每天用洗淨力較強的洗面乳洗臉洗兩、三次的話，U字部位的皮膚就會很乾燥，因此最好根據皮膚狀態，只在T字部位使用洗面乳會比較好。

✳ 皮脂分泌較多的 T 字部位與皮脂分泌較少的 U 字部位

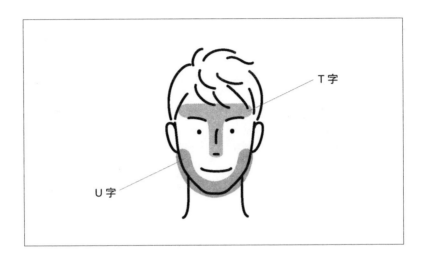

🩺 熱水，是皮膚的死對頭？

　　洗澡時，水溫要怎樣才適合呢？是讓身體紅通通暖呼呼的熱水？還是讓精神可以為之一振的冷水？還有些人會問是不是該用溫熱水洗，接著再用冷水收尾？但是最好的方法就是用不冷不熱的溫水洗澡。熱水雖然有助血液循環，但是對皮膚卻沒有益處。有看過熱排骨湯裡浮著一層油吧？溫度高

的熱水有去除組織油分的作用，我們身體的油脂，也就是皮脂，扮演著保護皮膚和保濕的重要角色。用熱水洗的話，會把皮膚上有的皮脂與保濕因子過度洗去，這麼一來沒有皮脂的皮膚就會非常乾燥，像乾裂的田埂一樣裂開。再加上冷水或熱水洗的話，皮膚溫度就會產生變化，而引發皮膚病。引發臉部紅潮的代表疾病酒糟性皮膚炎（Rosacea），溫度變化越是高高低低，皮膚就會越差，這也是為什麼不適合用冷水洗澡的理由之一。

皮膚碰水的時間要適當，長的話 15 分鐘，最好在 20 分鐘內要洗完。身體長時間碰水的話，不但不能讓肌膚保濕，洗澡時間過長反而會失去水分，所以要特別注意。

🩺 遠離搓澡巾，保濕乳液才是好朋友！

有些人洗澡時會用洗澡巾或搓澡巾來搓洗身體，但是我建議把這些東西通通從浴室裡拿掉，洗澡巾會使皮膚最外層受到損傷。皮膚最外層，我們所謂的「汙垢」，在普遍觀念

裡認為是不必要且骯髒的東西，所以有很多人會週期性固定去角質。可是在其他國家，即使不搓去角質，皮膚也好好的沒有問題。再加上洗澡巾在潮濕的環境裡含有水氣，也很容易成為各種細菌的溫床。本來每天就在清洗髒汙的老廢物與細菌的毛巾，如果連晾乾的時間都沒有，就會成為非常適合細菌生長的環境。

那麼沒有毛巾怎麼洗澡呢？把沐浴乳擠在雙手搓揉起泡後，接著輕輕搓洗自己的身體，這種程度就能就充分能洗去髒汙的老廢角質與細菌。需要注意清洗的部位是肉與肉疊合的部位，從耳廓、腋下、胯下各處仔細且輕柔地清洗，這些部位不僅分泌物多，加上構造上難免潮濕悶熱，如果不每天清洗，就會產生氣味。

還有另一個重要的部位是腳，洗腳時需要彎下腰，而且很容易以為隨著流水和沐浴乳流過腳就清洗乾淨，因此好好洗乾淨腳的人比想像中的少。但是一整天下來，腳都包在襪子和鞋子裡無法呼吸，在這種環境下很容易出汗，空氣不流通，也容易滋生細菌。職業上需要穿工作鞋的軍人，或是會

流很多汗的運動員狀況會更為嚴重。像這樣潮濕的環境會使黴菌增加，導致香港腳，所以洗澡時要好好洗腳。

洗完澡後一定會想要趕快離開浴室吧，但是忍耐 3 分鐘就好，先用毛巾將水氣擦擦，此時不需要太仔細把水都擦掉，只要大致擦乾後，接著馬上塗抹乳液就行。洗澡時有適當水分滲入皮膚的狀態下，為了防止水分流失，可以塗抹乳液形成防水膜。特別是在乾燥的冬季，千萬不要節省乳液，要把全身上下塗滿乳液。

到目前為止的洗澡方法是建議給一般膚質的人，那麼皮膚特別乾燥，或是過敏性皮膚炎的人，該怎麼洗才好呢？大致上跟之前介紹的方法沒有太大不同，但還是有幾個需要遵守的事項。例如不要讓皮膚每天接觸清潔劑，像是乾燥部位只要兩天一次用沐浴乳清潔洗淨，另一天則用清水清洗就可以了。另外，比起淋浴，泡澡會更好。可以在不燙的溫水裡泡 15 ～ 20 分鐘左右，水分會滲透到皮膚的深處，但還是要避免泡澡泡太久。

皮膚科專科醫師
金台翰

睡覺前觀察自己的臉，
看到皺紋了嗎？

「天啊，這裡什麼時候長皺紋了？」

我們的臉每天都會有些許變化，但是每天看著自己的臉，所以很難察覺到這件事。但你可能就在某一天看著鏡子，突然發現臉色比平時暗沉，似乎也變得比平時更乾燥了，額頭、眉間、眼角也出現原本沒有的皺紋。很多人平時都會掉以輕心，等到看到皺紋了心中的警鈴大響，此時才提高警覺，

但是已經為時已晚。

可以讓皮膚緊緻無皺紋、富有彈力的成分，就是膠原蛋白。膠原蛋白是果凍的主要成分，想必大家都很清楚那軟嫩的彈性。過了 25 歲之後，我們身體的膠原蛋白逐漸減少；換句話說，25 歲之後，皮膚就逐漸開始老化。每年當我們多長一歲，皮膚就會失去 1% 的膠原蛋白，因此皮膚彈性減少，產生皺紋、凹陷是理所當然的結果。到了 60 歲，我們的膠原蛋白與年輕時相比，量足足少了一半。那麼，有哪些方法可以延緩肌膚老化呢？

🩺 阻止老化的成分：A 醇和維生素 C

首先，老化可分成可預防的外因性老化，和幾乎不可預防的內因性老化。外因性老化主要是因為紫外線而產生的，最能確認外因性老化的地方就是汗蒸幕（韓國獨特的洗澡設施）。在汗蒸幕裡觀察一下上了年紀老人家的臀部，再將視線轉到他們的臉，臉上的皺紋多呢？還是臀部的皺紋多呢？

觀察一百個人，有一百個人的臉皺紋會更多。因為臉部是受到紫外線照射最多的部位之一，臀部幾乎不會有機會曬到太陽，從這裡就可以看出，皮膚經過數十年來的紫外線照射時，會產生無法挽回的老化。

預防老化的第一個方法就是擦防曬乳，前面已經仔細談過紫外線防曬乳了，現在就來看看其他的預防方法。第二個方法就是擦抗老化的產品，大部分的人都會使用一、兩種抗老化的保養品，抗老化的功能性產品含有哪些成分呢？最具代表性的成分就是「A醇」和「維生素C」。A醇是維生素的一種，也是經過證實能實際改善皺紋的成分，但是因為對皮膚有刺激感，所以有時候會發紅或搔癢，也可能會感到刺痛，因此敏感性肌膚使用時要特別注意。因為要長時間塗抹才能感到效果，所以市面上的保養品大部分不會強化這樣的功能，同時為了減少副作用而降低濃度。A醇本來就要擦很久才會見效，如果只混合了低濃度的量，就更難感受到效果。

另外，A醇的代謝物組（A酸）的抗老化功能比A醇更出色，但對皮膚的刺激感也更大，因此不是任何人都可以輕

易可以接觸的保養品，而是被分類到醫藥品，需要處方箋才能購買。這種產品最具代表性的是曾經一度流行的外用 A 酸藥膏（Stieva-A），含有 A 醇代謝物組的 A 酸成分，是被認證具有抗老化效果的產品，持續塗抹可以改善皮膚皺紋和色素沉澱，讓皮膚變得更乾淨。但因為被歸類於醫藥品，需要注意副作用，建議向醫師諮詢過後再使用。這種 A 酸產品至少要塗抹一至六個月才會感受到效果，因此不管塗抹哪種產品，最重要的是注意副作用，並且持續塗抹。

第二，維生素 C 不管是吃的或擦的產品，都有效果。雖然沒有明確研究顯示要多少量才能防止老化，至少吃含有維生素 C 的綜合維生素，或是使用保養品中含有維生素 C 的產品都會有所幫助。此外，有些人會為了增加真皮層的膠原蛋白，特意吃含有膠原蛋白飲食。像這樣吃進去的膠原蛋白究竟會不會到我們的皮膚裡呢？正確答案當然是「不會」。有些食品或保健品廠商昧著良心，巧妙地用行銷手法欺瞞，但實際上膠原蛋白的分子量很大，幾乎無法以食物的方式攝取。也就是說，它會在攝取時被分解得很細小，就連膠原蛋白的

痕跡都沒有，就以肽的狀態被吸收了。如果是為了膠原蛋白Q彈的口感而吃，雖然沒什麼好勸阻，但事實上對皮膚是沒有幫助的。

🩺 肉毒桿菌和填充物，根據皮膚狀態而有所不同

下一個方法是皮膚科的醫美手術，消除皺紋中最具代表性，也最廣為人知的就是肉毒桿菌。肉毒桿菌的名稱是取自河豚毒素（botulinum toxin），具有麻痺肌肉達到放鬆肌肉的效果。當臉部做表情時會牽動肌肉，當肌肉放鬆時，皺紋也會一起舒展，臉上的皺紋有當做出表情時才會看到的動態皺紋，和靜止不動時也會出現的靜態皺紋。靜態皺紋是隨著肌膚老化，膠原蛋白和彈性纖維的減少而出現。做表情時出現的皺紋根深蒂固，這是大部分的人認為自己老了的第一個信號。如果已經出現靜態皺紋，就代表要開始抗老管理為時已晚。有需求的人，可以考慮在出現靜態皺紋之前，就接受刺激膠原蛋白增生的雷射光療，或是拉皮手術，也可以考慮

注射肉毒桿菌。

　　治療皺紋還有另一種手術是注射填充物，填充物是玻尿酸成分，如果注射到皮膚不會產生特別的排斥反應，注射部位可以維持數個月內的飽滿感。因為這和使肌肉麻痺緩解皺紋的肉毒桿菌不同，所以根據部位不同的皺紋，可以選擇肉毒桿菌、玻尿酸或其他複合手術。因此在去皮膚科或醫美專科諮商時，比起要求做特定手術，最好是接受專業醫師諮詢，選擇適合自己狀態的手術。如果沒有正確掌握自己皮膚的狀態，就盲目要求手術，反而可能導致異物感，或讓狀況變得更糟。

需要睡眠和壓力管理

　　養成延緩老化的習慣也是相當重要的。你是否曾有過在睡飽覺起來後看看自己的臉，不知道為什麼皮膚看起來比平時更有光澤的經驗？實際上睡眠充足對皮膚很有幫助。壓力也是影響肌膚的因素，壓力大的話會分泌壓力荷爾蒙皮質醇，

皮質醇會增加皮脂分泌產生青春痘。事實上不管對誰來說，壓力管理都是一件困難又辛苦的事。有時你會氣到想要揪著上司的頭髮，或是因為只想著自己的自私朋友而受傷難過。這種時候就好好洗個澡，敷個面膜吧。閉上眼睛敷著面膜，讓自己的心安靜地沉澱下來，這樣既能舒緩壓力，同時又能為臉部補充水分和營養，享受一石二鳥的幸福。

美國的林肯總統曾說：「人過了 40 歲，就要為自己的容貌負責。」我身為皮膚科醫師，覺得這句話聽起來很微妙。實際上在生活中持續做到皮膚健康管理的人，即使年過 40 歲，也會顯得年輕 10 歲，甚至看起來有活力又健康。生我們的是父母，但要承擔責任的是我們自己，

Q 敏感性肌膚不能擦 A 醇或外用 A 酸嗎？如果擦的話要注意些什麼呢？

A 如果是敏感性肌膚的話，可以先試著擦小量的 A 醇保養品，如果出現刺激感（發紅、發癢、刺痛、緊繃）就要停止使用會比較好。因為外用 A 酸比 A 醇更強烈，因此建議敏感性肌膚不要使用。如果不是敏感性肌膚的話，可以將低濃度的外用 A 酸藥膏（Stieva–A 0.01%）混入平時使用的保濕產品中，睡前塗擦一次，幾天過後如果沒有刺激感的話，就不要混入保濕產品直接小量使用。如果這樣使用幾個月後也沒有任何問題，就可以再向醫師諮詢，改成濃度更高的 A 酸藥膏（Stieva–A 0.025%）使用看看。

Q 飲酒或抽菸也會影響皮膚老化嗎？

A 吸菸對皮膚內外都有不好的影響，在皮膚內要流向肌膚的血液量減少，對皮膚正常活動產生不良影響，使肌膚彈力下降。外部則是因為香菸的菸被皮膚吸附，堵塞毛孔或散播致癌物質。飲酒也是一樣，為了分解酒精的毒素，我們的身體會產生各種荷爾蒙的變化，使得活性氧增加，這些都會讓皮膚老化。再加上為了分解酒精，也會失去大量水分，最終皮膚的水分也會減少，造成皮膚乾燥、鬆弛。在朝氣蓬勃的 20、30 歲時能夠毫無懸念享受的菸

酒，到 40 歲以後會引起肌膚老化，造成皮膚乾燥、暗沉，因此最好要提前注意。

Q 想要注射玻尿酸或肉毒桿菌，但是又怕有副作用。

A 首先必須要知道的事實是，幾乎沒有醫療手術是沒有副作用的，皮膚科的手術和其他領域的手術相比，副作用算是較少的。肉毒桿菌是讓肌肉暫時（通常幾週～幾個月）麻痺的作用，大部分熟練的醫師都在正確目標的肌肉注射肉毒桿菌，因此不用太擔心副作用的問題，只有少部分會因為肌肉麻痺，而導致表情奇怪、眼皮下垂或是眉毛挑高等副作用。但這些都是暫時性的症狀，所以就算出現了意料之外的副作用，只要隨著時間流逝，就會慢慢恢復的。然而，填充物的副作用就比較危險，有時還會造成持續一輩子的副作用。填充物（Filler）顧名思義就是填入皮膚內側的手術，如果填充物沒有填入正確目標部位，而是進入血管的話，則會造成嚴重的問題。堵塞通往眼睛的血管造成失明的情況雖然罕見，但也仍會發生，也有堵塞通往鼻子或額頭血管，造成皮膚壞死的情況。因此在重要血管經過的部位，眉間、法令紋部位注射填充物時，最好向經驗豐富的醫師充分進行諮詢後再做決定。其他部位引起大問題的案例很罕見，出現問題時只要融化填充物即可，不需要過於擔心。

身心科專科醫師
李宜爽

明天不想上班，
後天也不想上班

「不管怎麼睡還是好累。」

代表著工作和生活均衡的「Work-Life Balance」對許多待業人士來說，是選擇公司的標準；對上班族來說，這也是介紹自己公司時，作為優、缺點一定要提到的因素。雖然近年來諸多企業都在講求員工福利，但很多時候現實狀況並非如此。

雖然每天都希望能夠準時下班，但根本完全做不到，因為堆積如山的業務量，不得不加班的情況反覆上演。一大清早出門上班，一整天被工作和人際關係折磨，下班後和朋友瘋狂聊天，或者回到家中來罐清涼爽快的啤酒，總是要有些時間紓解壓力。但一旦需要加班，就連這一點力氣都不剩。當工作與生活的均衡被打破時，壓力和疲勞就會日積月累，最後就會形成慢性疲勞。就像用錯誤姿勢走路時，腳的一側會長繭一樣，當我們想不起自己究竟何時開始出現疲勞的狀態，就稱之為「慢性疲勞症候群」。

「回家後什麼事都不想做。」

與此相似，當工作與生活之間失去均衡時，常會經歷的另一個症狀是「職業倦怠症候群」你是否有過為了某件事傾注自己所有的能量，導致在情緒上變得麻木，陷入情感乾涸的狀態呢？在公司裡全力以地認真工作，讓情感消耗殆盡，回到家中什麼都不想做，也不想打掃，對瑣碎的小事也覺得煩躁。俗話說「在家漏水的瓢子，在外面也會漏」，但是以現代人的狀況卻是相反，在外飽受折磨勉強撐住的瓢子，回

家後就破碎了。在工作上消耗太多精力之後，就連回頭看看自己的餘裕都不剩，甚至還對最親近且心愛的家人惡言相向。如果你符合這樣的情況，就仔細看看這一章吧，理解這種症候群的原因和解決方法後，才能真正地愛自己，讓日常生活過得更加充滿活力。

🩺 如果感到疲勞，都是因為慢性疲勞症候群嗎？

症候群通常不是明確的診斷名，而是指多種症狀的複合體。一般來說，疲勞感持續一個月以上稱為持續性疲勞，持續六個月以上則稱之為慢性疲勞。那如果經常感到疲勞，長達六個月以上的話，就全都是因為罹患慢性疲勞症候群嗎？美國疾病管制中心為慢性疲勞症候群做出這樣的定義：沒有其他特別原因，疲勞感反覆持續六個月以上，也沒有發現甲狀腺功能低下等其他身體因素，即使休息也不會好轉，導致難以維持日常生活，或是工作能力明顯下降的狀態。可是因為「疲勞」是主觀的，所以可以透過專注力障礙、喉嚨痛、

腋下按壓痛、肌肉痠痛、多發性關節痛、頭痛，或者即使睡很久也不會有神清氣爽的感覺等身體狀態為線索，來判斷是否感到疲勞。這些症狀中，四個以上的症狀持續六個月以上的情況就是慢性疲勞症候群。以文字表現看起來似乎很複雜，但是簡單來說，就是持續感到疲勞，全身感到疼痛就是慢性疲勞症候群了。遺憾的是，現實生活中很多上班族已經罹患慢性疲勞症候群了。偶爾有些人會受到廣告影響，以為是因為肝不好所以感到疲勞，但是因為肝臟感到疲勞的狀態並不常見。慢性疲勞症候群是壓力逐漸累積，像繭一樣變得僵硬，變成慢性的狀態。

🩺 精力全都消耗殆盡的狀態：職業倦怠症候群

「職業倦怠症候群」一詞與其說是正確的診斷病名，不如說是用來代表一種自我枯竭的狀態。進行重量訓練時，如果每天只訓練某個特定肌肉，並無法幫助肌肉快速成長，因此要分部位進行訓練，才不會陷入過度疲勞。我們的心靈也

是，當消耗能量後需要休息並重新充電，否則最終會耗光電量，難以控制衝動、調節情緒，就會表現出攻擊性的一面。我們的心裡必須要有餘裕，才能夠展現出積極的情緒、做出熱情的表達，面對他人的時候才不會感到厭煩。陷入職業倦怠症候群時，我們會變得越來越被動，只會一如既往地照常行動，自動做出反應。我們會覺得什麼事情都很煩，失去自發性，也不想說話，嚴重時甚至連微笑都有困難。通常要面對很多人群的職業，這樣的症狀很常發生。和身體勞動不同，這種彷彿戴上面具、壓抑自己現在的情感，持續以開朗笑容與嗓音面對客人的工作，需要消耗大量的情緒能量。

然而，很多人甚至連自己的情緒已經處於疲憊狀態都渾然不覺。平時可能笑笑帶過的事情，最近卻會變得更激動或煩躁，這時候就要懷疑是不是有職業倦怠了。什麼事都不想做，有一種想要躲到地底下的感覺，只想躲在被窩裡，或者就連單純的事情也難以輕易做決定，就連小事也會出現一再拖延的症狀。這種情況一旦持續發生，就會讓人覺得自己很渺小，感到心灰意冷。例如，如果家中有人責備自己，就會

在人前大發雷霆，但又會回過頭來責備發脾氣的自己，稍微不留意就會因為職業倦怠症候群而陷入憂鬱症。

這裡的重點在於：不要認為自己是傻瓜，如果你真的忽視家人，是一個無視家人的人，就不會感到內疚，而是忙著合理化自己的行為。你之所以處於這種情況，不是因為你是個自私的人，而是因為在工作中消耗了太多能量了。事實上無論是誰，在公司和在家裡的樣子都是不一樣的。不管在哪種情況下、任何人面前，如果都始終如一地保持燦爛的微笑，無法真實表達自己的情緒的話，反而會讓自己陷入更加疲勞的狀態。

當自己獨處時，也需要讓自己可以靜下心來。幾年前開始，為了讓現代人的大腦可以休息，而舉辦了「發呆大會」。大會的宗旨看起來挺不錯的，過分在意周圍人們的視線，總是逼迫自己展現出積極正面的模樣，容易讓自己精疲力盡而陷入職業倦怠。忙於生活的我們偶爾也需要什麼都不思考，帶著平靜的心情，回過頭來好好看看自己的時間，不是嗎？

慢性疲勞與職業倦怠，好好休息很重要

　　總是感到疲勞的慢性疲勞和精疲力竭的職業倦怠，兩種症候群的解決方法都很簡單，那就是「好好休息」。職業倦怠的原文「Burnout」一詞本來就有能量消耗殆盡的意思，只要再次補充能量就可以了。現在你最該做的，就是暫時放下那些絞盡腦汁、鞭策自己的想法，先用美味健康的食物的食物犒賞自己，再好好休息。最容易且有效的方法就是睡午覺，30 分鐘以上的午覺可能會妨礙晚間正常睡眠，因此短暫睡個 10 分鐘左右，降低因疲勞而產生的腺苷濃度，能使我們的身體狀態變得舒適。只要改變吃完午餐後習慣性地和同事聊著垃圾話，或逛網頁的習慣，就會有很大的幫助。

　　另外，盡量記得吃早餐。即使是吃清淡的東西，也要選擇富含蛋白質的食物，吃下去補充能量。充分飲水也很重要。實際上，如果水喝得太少，能量也會跟著降低。如果你因為太累而飲酒過度，可能會陷入惡性循環，還請小心注意。按照身體與心靈的意願，創造最棒的休息空間也是很不錯的，

只要換上柔軟的寢具，並且週期性清洗，睡眠品質也會有顯著的提升。

　　吃好、睡好之後，現在試著動動身體吧。即使無法做重量訓練，在午餐時間抽空散步，或者在上下班時間提前一、兩站下車，光只是快走也會很有幫助的。下班後可以試著培養轉換心情，從事自己有興趣的活動。你可以在，下班路上看著平時自己喜歡的晚霞，沉浸在自己的感性之中，或是坐在河邊整理腦海中的各種思緒；也可以去百貨公司看看逛逛，讓自己稍微喘口氣，傾瀉累積的情緒。回到家後用溫暖的熱水洗澡後，心情會變得更好，也會發現變得稍微溫柔的自己。

　　接下來為了自己的人生，從小事開始制定具體目標吧。公司工作並非我們人生的全部，新年開始的元旦，我們懷抱著「再一次，從頭開始」的想法，制定了新的目標，心情顯得悸動與興奮。只要試著制定人生目標與小小計劃，並付諸實踐，就能以更積極的態度看待現實。舉例來說，可以重拾自己不斷拖延的英文學習，或是學習股票、儲蓄，試著多花一點心思理財，也可以開啟自己平日就想嘗試的新興趣。如

果已經太過疲憊的話，就該試著檢討該如何在目前的工作與自己的能力之間取得良好的平衡，思考該如何修正。

最後，希望各位可以遠離社群軟體。雖然有些人會認為社群軟體浪費人生，但是最近透過社群軟體可以獲得旅遊、美食、民宿等各式各樣的情報，成了我們生活中密不可分的分享空間。事實上，如果只是基於這種單純的目的使用社群軟體，當然沒有問題。但顧名思義，社群軟體會讓你自然而然在他人照片下留言或傳訊息，進行溝通和意見交流。因為大家會上傳到社群網站的總是看起來開心又幸福的照片，當自己內心處於脆弱狀態時，越是使用社群軟體，就越是容易與他人比較，造成自信心下降。如果有一定想要說出口的話，或是想保存的相片，那就留在日記本裡吧。當我們不用在意他人視線，真誠坦率地表達自己內心時，就會是審視自己美好的時光。

很多人即使已經疲憊不堪，但仍堅持到最後，勉強自己拖著身子去上班。但盲目的忍耐並非萬能，如果連打造自己可以休息的空間後，都還是覺得撐不下去，那就有必要考慮停職或換工作。只要盡自己所能那就已足夠了，暫時對著鏡子裡的自己這樣說吧。

　　「今天也辛苦了。」

當身體不想上班的時候

5 位專科名醫為上班族打造的全方位健康手冊

우리 , 아프지는 말고 출근합시다

作者	戴聽男（李宜昌、李應顯、李始映、金台翰、李宜奭）
譯者	梁如幸
執行編輯	顏妤安
行銷企劃	劉妍伶
封面設計	周家瑤
版面構成	賴姵伶
發行人	王榮文
出版發行	遠流出版事業股份有限公司
地址	臺北市中山北路一段 11 號 13 樓
客服電話	02-2571-0297
傳真	02-2571-0197
郵撥	0189456-1
著作權顧問	蕭雄淋律師

2023 年 6 月 30 日　初版一刷

定價　新台幣 380 元

有著作權·侵害必究　Printed in Taiwan

ISBN　978-626-361-112-2

遠流博識網　http://www.ylib.com

E-mail: ylib@ylib.com

우리 , 아프지는 말고 출근합시다

Copyright © 2022 by Lee EuiChang, Lee EuiSeok, Lee SiYung, Kim TaeHan, Lee EungHyun
Complex Chinese Translation Copyright © 2023 by Yuan–Liou Publishing Co., Ltd.
This translation is published by arrangement with Miraebook Publishing Co. through
SilkRoad Agency, Seoul, Korea.
All rights reserved.

國家圖書館出版品預行編目 (CIP) 資料
當身體不想上班的時候 / 戴聽男著；梁如幸譯. -- 初版. -- 臺北市：遠流出版事業股份有限
公司 , 2023.06 面；　公分
譯自：우리 , 아프지는 말고 출근합시다
ISBN 978-626-361-112-2(平裝)
1.CST: 家庭醫學 2.CST: 保健常識
429　　　　　　112006240